U0183057

计算机视觉和深度学习

在自动驾驶汽车中的应用

[印]苏米特·兰詹(Sumit Ranjan)　S. 森塔米拉苏(S. Senthamilarasu)　著

程　诚　吴洪状　译

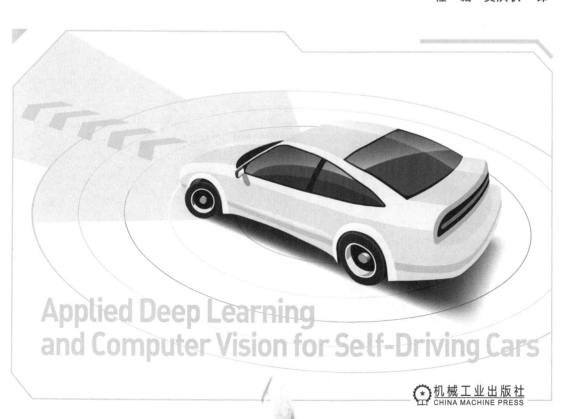

Applied Deep Learning
and Computer Vision for Self-Driving Cars

机械工业出版社
CHINA MACHINE PRESS

计算机视觉以及深度学习技术构成了智能驾驶甚至自动驾驶的技术基础。随着智能驾驶技术的逐渐普及，计算机视觉以及深度学习技术在汽车行业受到了越来越多的关注。本书从自动驾驶技术的历史和发展讲起，围绕计算机视觉和深度学习技术逐渐深入，介绍了其在自动驾驶中涉及的诸如学习模型、OpenCV 技术、CNN 改进图像分类器、语义分割等技术，并介绍了它们在自动驾驶领域的应用实践和实际工程案例。

本书可作为自动驾驶、人工智能、汽车与制造等行业工程技术人员的学习参考书，也可作为高等院校相关专业师生的参考书。对于自动驾驶和智能汽车产业爱好者和产业研究员而言，本书也具有相当高的参考价值。

Copyright © Packt Publishing 2023. First published in the English language under the title "Applied Deep Learning and Computer Vision for Self-Driving Cars-(9781838646301)"

Simplified Chinese Translation Copyright © 2024 China Machine Press. This edition is authorized for sale throughout the world.

All rights reserved.

此版本可在全球销售。未经出版者书面许可，不得以任何方式抄袭、复制或节录本书中的任何部分。

北京市版权局著作权合同登记　图字：01-2023-2985。

图书在版编目（CIP）数据

计算机视觉和深度学习在自动驾驶汽车中的应用 /（印）苏米特·兰詹（Sumit Ranjan），（印）S. 森塔米拉苏（S. Senthamilarasu）著；程诚，吴洪状译. 北京：机械工业出版社，2024. 8. --（智能网联汽车）. ISBN 978-7-111-76111-2

Ⅰ. TP181；TP302.7；U463.61

中国国家版本馆 CIP 数据核字第 2024U32T88 号

机械工业出版社（北京市百万庄大街 22 号　邮政编码 100037）
策划编辑：何士娟　　　　　　责任编辑：何士娟　张翠翠
责任校对：贾海霞　梁　静　　责任印制：常天培
固安县铭成印刷有限公司印刷
2024 年 8 月第 1 版第 1 次印刷
169mm×239mm · 15.25 印张 · 287 千字
标准书号：ISBN 978-7-111-76111-2
定价：158.00 元

电话服务　　　　　　　网络服务
客服电话：010-88361066　机　工　官　网：www.cmpbook.com
　　　　　010-88379833　机　工　官　博：weibo.com/cmp1952
　　　　　010-68326294　金　书　网：www.golden-book.com
封底无防伪标均为盗版　机工教育服务网：www.cmpedu.com

关于作者

苏米特·兰詹（Sumit Ranjan）是电子与通信专业工学硕士。他是一位充满热情的数据科学家，致力于解决业务问题，在汽车、医疗、半导体、云虚拟化和保险等领域提供了无与伦比的跨领域用户体验。

他在构建应用于现实需求的机器学习、计算机视觉和深度学习解决方案方面经验丰富。他曾获得 KPIT Technologies 颁发的自动驾驶汽车学者奖，并在梅赛德斯-奔驰研发中心参与多个研究项目。除了工作，他的爱好是旅游和探索新地方、野生动物摄影和写博客。

写书比我想象得更难，也比我想象得更有价值。首先，我要感谢 Packt Publishing 的所有人对我的支持。特别感谢总是很有耐心的编辑 Nathanya 和 Ayaan，优秀的策划编辑 Girish，帮助我改善书中技术方面的 Utkarsha 和 Sonam，以及最优秀的项目经理 Gebin。感谢我的家人一直支持我，感谢我的导师 Sikandar、Ashis 和 Arjun，因为有了他们，我才到了这里。如果没有好友 Divya、Pramod 和 Ranjeet，那么这本书将不可能完成，他们让我的生活变得精彩，谢谢他们在我写这本书时给我的所有支持。

S. 森塔米拉苏（S. Senthamilarasu）出生并成长于泰米尔纳德邦的哥印拜陀市。他是一名技术专家、设计师、演说家、短篇小说作家、期刊评审人、教育工作者和科研工作者。他喜欢学习新技术，解决 IT 行业中的实际问题。他发表了多篇论文，并在多种国际会议上做过报告。他的研究领域包括数据挖掘、图像处理和神经网络。

他喜欢阅读泰米尔语小说，并积极参与社会活动。他为患有自闭症的儿童开发的研究产品在国际展览会上获得了银牌。他目前住在班加罗尔，并与主要客户密切合作。

写一本书比我想象的要难，但比我期望的更加满意。如果没有我的伙伴 Sumit，这一切都不可能实现，在成功的背后，他都一直支持着我并一起撰写了这本书。我要特别感谢我的家人，是他们给了我这个千载难逢的机会来写这本书，让我学到了很多新的东西。最后，我要感谢出版团队中的每一个人，没有他们的不断支持，这本书不可能存在。

关于评审人员

Ashis Roy 是一名数据科学家，就职于网络基础设施公司 Ericsson，从事机器学习和人工智能工作。之前，他曾在纯数据分析公司 Mu Sigma 工作，并在银行金融服务、零售和电信领域有许多全球 500 强企业客户。他拥有印度理工学院古瓦哈提分校的数学与计算机硕士学位以及荷兰埃因霍芬理工大学的工业数学工程专业博士学位。目前，他正在使用人工智能和机器学习开发自愈网络。此外，他对行业创新领域非常感兴趣。

B. Muthukumaraswamy 拥有数据科学博士学位。他是一位技术专员，是一位具有 12 年以上连续经验的结果驱动软件工程师，涉及人工智能、深度学习和机器学习的各个方面。他研究当前深度学习领域中最流行的算法，例如卷积神经网络（CNN）、同构 JavaScript、基于世界级 JavaScript 的系统中的面向对象的 JavaScript（OOJS）软件开发周期，他一直在使用 React、Angular 和 React Native 进行架构设计和工作。他不仅编写了大量代码，而且使用 MEAN 堆栈、MERN 堆栈和 JAM 堆栈撰写了几本书。

Akshay GovindRao Mankar 在计算机视觉和深度学习领域拥有超过 3 年的经验。目前，他在德国从事自动驾驶汽车领域的高级软件工程师工作。在进入工业领域之前，他在门格洛尔大学和韦洛尔科技大学分别获得了电子学硕士和通信工程学硕士学位。在攻读硕士学位期间，他感兴趣的研究课题是图像处理和计算机视觉。Akshay 非常热衷于人工智能，并且具有 Python 编程语言、OpenCV、TensorFlow 和 Keras 方面的经验。在业余时间，他喜欢学习在线课程。

随着自动驾驶汽车（Self-Driving Car，SDC）成为人工智能领域中的新兴课题，制造自动驾驶汽车成为数据科学家的研究热点。本书是一本全面指南，介绍如何使用深度学习和计算机视觉技术来开发自动驾驶汽车。

本书首先介绍自动驾驶汽车的基础知识和制造自动驾驶汽车所需的深度神经网络技术。一旦读者熟悉了基础知识，就将学习如何实现卷积神经网络。随着进一步的学习，读者将使用深度学习方法来执行各种任务，例如查找车道线、改善图像分类器和道路标志检测。此外，读者还将深入学习语义分割模型的基本结构和工作原理，以及使用语义分割检测车辆。本书还涵盖了使用 OpenCV 和先进的深度学习方法进行行为克隆和车辆检测等高级应用。

通过本书，读者将学习如何使用 Python 环境的流形库基于各种神经网络开发自动驾驶汽车。

本书适合对象

本书适合深度学习工程师、人工智能工程师或任何希望使用深度学习和计算机视觉技术构建自动驾驶解决方案蓝图的人士。本书还可帮助读者使用 Python 生态系统解决实际问题。本书需要读者具有一定的 Python 编程经验和对深度学习的基本理解。

本书内容

第 1 章　自动驾驶汽车基础。本章介绍了自动驾驶汽车的历史和发展，还介绍了在自动驾驶汽车中使用的不同方法，并介绍了自动驾驶汽车的优缺点、面临的挑战以及自动驾驶汽车的自主级别。

第 2 章　深入理解深度神经网络。本章介绍了如何从简单的神经网络到深度神经网络。读者将学习许多概念，例如激活函数、归一化、正则化和随机失活等，以使训练更加鲁棒，从而更有效地训练网络。

第 3 章　使用 Keras 实现深度学习模型。本章介绍了使用 Keras 逐步实现深度学习模型的步骤，以及使用 Auto-Mpg 数据集及 Keras 实现深度学习模型。

第 4 章　自动驾驶汽车中的计算机视觉。本章介绍了用于自动驾驶汽车的高级计算机视觉技术。这是读者了解计算机视觉的重要章节。本章还介绍了不同的 OpenCV 技术，以辅助解决自动驾驶汽车行业中的图像预处理和特征提取问题。

第 5 章　使用 OpenCV 查找道路标志。本章引导读者编写软件流水线，以在 SDC 的前置摄像头视频中识别车道边界。这是使用 OpenCV 开发 SDC 的起始工程。

第 6 章　使用 CNN 改进图像分类器。本章涵盖了如何从简单的神经网络到先进的深度神经网络。通过本章，读者将学习卷积神经网络的理论，并了解如何使用卷积神经网络帮助改善图像分类器的性能。读者将使用 MNIST 数据集实现一个图像分类工程。

第 7 章　使用深度学习进行道路标志检测。本章研究神经网络的训练，以实现道路标志检测。这为实现自动驾驶汽车又向前迈进了一步。本章将创建一个模型，能可靠地分类交通标志，并会独立识别其最合适的特征。

第 8 章　语义分割的原理和基础。本章介绍了语义分割模型的基本结构和工作原理，以及现有最先进的方法。

第 9 章　语义分割的实现。本章关注使用 E-Net 语义分割架构实现对行人、车辆等的检测。通过使用 OpenCV、深度学习、道路标志和 E-Net 架构，读者将学习适用于语义分割的技术，并且使用预训练的 E-Net 模型对图像和视频流进行语义分割。

第 10 章　基于深度学习的行为克隆。本章实现行为克隆。在这里，"克隆"意味着学习程序将复制人类的行为，例如转向动作模拟人类驾驶。本章将实现一个行为克隆工程，并在仿真中测试它。

第 11 章　基于 OpenCV 和深度学习的车辆检测。本章使用 OpenCV 和预训练的 YOLO 深度学习模型实现自动驾驶汽车的车辆检测。使用该模型，我们将创建一个软件流程，对图像和视频进行目标预测。

第 12 章　未来工作及传感器融合。本章介绍了自动驾驶汽车领域未来的一些工作，还简要介绍了传感器融合，并介绍了潜在的自动驾驶汽车高级学习技术。

最大限度发挥本书的作用

为了最大限度发挥本书的作用，让我们看看读者需要具有或者做些什么：
- 我们期望读者具有一些 Python 编程经验和基本的深度学习知识。
- 在阅读本书的同时执行代码，将有助于读者的充分理解。

本书涵盖的软件 / 硬件	操作系统要求
在最新的 Anaconda 环境下安装 Python 3.7	最低 8GB RAM 的 Windows、Linux 或 Mac 系统
安装深度学习库 TensorFlow 2.0 和 Keras 2.3.4	最低 8GB RAM 的 Windows、Linux 或 Mac 系统
安装图像处理库 OpenCV	最低 8GB RAM 的 Windows、Linux 或 Mac 系统

下载示例代码文件

读者可以从 www.packt.com 的账户中下载本书的示例代码文件。如果读者在其他地方购买了本书，则可以访问 www.packt.com/support 并注册，从而将文件直接发送到读者的邮箱。

读者可以按照以下步骤下载代码文件：

1）在 www.packt.com 上登录或注册。

2）选择 SUPPORT 选项卡。

3）单击 Code Downloads & Errata。

4）在 Search 栏输入书名并按照屏幕上的说明操作。

文件下载完成后，请确保使用以下最新版本的软件解压或提取文件夹：

- Windows 环境的 WinRAR/7-Zip。
- Mac 环境的 Zipeg/iZip/UnRarX。
- Linux 环境的 7-Zip/PeaZip。

本书的代码包也可以通过 GitHub 下载，网址为 https://github.com/PacktPublishing/Applied-Deep-Learning-and-Computer-Vision-for-Self-Driving-Cars。如果代码有更新，那么会在现有的 GitHub 存储库中更新。

我们还提供了其他代码包和和视频，网址为 https://github.com/PacktPublishing/。一起来看看吧！

惯例使用

本书使用了许多文本惯例。

粗体：表示新术语、重要单词或在屏幕上看到的单词，例如，菜单或对话框中的单词会这样显示：该项目现在被称为 Waymo。

 提醒或重要说明会以这种形式出现。

 小贴士和技巧会以这种形式出现。

▼ 目　录

第 1 部分
深度学习和自动驾驶汽车基础

在本部分，我们将学习成为自动驾驶汽车工程师背后的动机以及相关的学习路径，并且我们将概述在自动驾驶汽车领域中使用的不同深度学习方法和面临的挑战。该部分涵盖了深度学习的基础知识，这些知识是必要的，掌握了这些知识，才能向自动驾驶汽车的实现迈出第一步。为了使读者理解深度神经网络数据库（如 Keras），本部分对它进行了详细阐述。本部分还介绍了如何使用 Keras 从头开始实现深度学习模型。

本部分包括以下章节：
- 第 1 章　自动驾驶汽车基础
- 第 2 章　深入了解深度神经网络
- 第 3 章　使用 Keras 实现深度学习模型

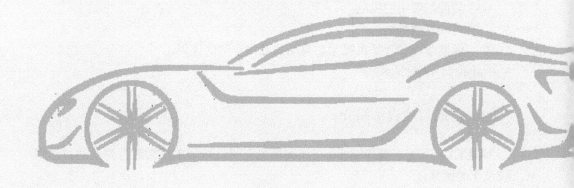

第1章 ▼

自动驾驶汽车基础

无人驾驶汽车通常称为自动驾驶汽车（Self-Driving Car，SDC）、自主驾驶汽车或汽车机器人。自动驾驶汽车的目的是在没有驾驶员的情况下自动驾驶。自动驾驶汽车是一个潜力巨大的"沉睡巨人"，它能够优化从道路安全到整个交通行业的所有方面，同时大幅降低驾驶成本。根据麦肯锡公司的估计，如果在美国广泛使用自动驾驶汽车，那么基于事故率降低90%计算，每年可以节省高达1800亿美元的医疗保健和汽车维护费用。

虽然自动驾驶汽车技术已经研发了几十年，但直到近年来才取得了突破。自动驾驶汽车被证明比人类驾驶员具有更高的安全性，汽车公司以及其他科技公司正在投资数十亿美元将这项技术引入实际应用。他们努力寻找优秀的工程师为该领域做出贡献。本书将教授自主驾驶汽车行业所需的知识。无论读者是来自学术界还是行业内部，本书都会为他们提供所需的基础知识和实用技能，帮助他们成为先进驾驶辅助系统（Advanced Driver-Assistance Systems，ADAS）工程师或自动驾驶汽车工程师。在本书中，读者将学习自动驾驶汽车领域最新研究的实际数据和场景。

本书还可以帮助读者学习在汽车工业中实用的、最先进的计算机视觉技术。通过学习本书，读者将了解不同的用于自动驾驶汽车的深度学习和计算机视觉技术。最后，本书将提供几个项目，使读者深入了解自动驾驶汽车工程师所关注的各种重要实际问题。

本章将主要介绍以下主题：

- 自动驾驶汽车简介。
- 当前部署中的挑战。
- 自动驾驶等级。
- 深度学习和计算机视觉在自动驾驶汽车中的应用。

让我们开始吧！

1.1 自动驾驶汽车简介

图1.1所示是一张Waymo在加利福尼亚州洛斯阿尔托斯进行测试的自动驾驶汽车的照片。

图 1.1　自动驾驶汽车

自动驾驶汽车的概念已经存在了几十年，但自 2002 年美国国防高级研究计划局（Defense Advanced Research Projects Agency，DARPA）宣布其第一个大挑战（称为 DARPA 大挑战（2004））以来，我们看到了巨大的进步。这将永远改变世界对自主机器人能力的认知。第一届大挑战于 2004 年举行，DARPA 为获胜者提供了 100 万美元的奖金，前提是他们能制造出一辆能够在莫哈韦沙漠中行驶 142mile（1mile=1609.34m）的自动驾驶汽车。虽然第一场比赛只有几支队伍从起跑线出发（卡内基梅隆大学的红队只开了 7mile 就获得了第一名），但很明显，在没有任何人工辅助的情况下，自动驾驶的任务确实是可行的。在 2005 年的第二届 DARPA 大挑战赛中，23 支队伍中有 5 支打破了预期，在没有任何人为干预的情况下成功完成了赛道。斯坦福大学的"斯坦利（Stanley）"赢得了这项挑战，卡内基梅隆大学的"沙暴（Sandstorm）"紧随其后。至此，自动驾驶汽车的时代已经到来。

随后，2007 年的 DARPA 城市挑战赛邀请了很多大学参加，他们的自动驾驶车辆在繁忙的道路上与专业特技驾驶员共同出行。这一次，由于巨型屏幕挡住了车辆接收 GPS 信号，导致惊险的 30min 延误后，卡内基梅隆大学的团队获得了冠军，而斯坦福大学的团队获得了第二名。

这三个大挑战共同成为自动驾驶汽车发展的一个分水岭，改变了公众（更重要的是科技和汽车产业）对完全车辆自主可行性的想法。很明显，一个巨大的新市场正在开启，竞争已经开始。谷歌立即聘请了来自卡内基梅隆大学和斯坦福大学的团队领导人（分别是 Chris Thompson 和 Mike Monte-Carlo），将他们的设计推向公共道路。到 2010 年，Google 的自动驾驶汽车在加利福尼亚州已经行驶超过 14 万 mile，后来他们在一篇博客文章中写道，他们有信心通过自动驾驶汽车将交通事故死亡人数减少一半。

 根据世界卫生组织的一份报告，每年有超过 135 万人在道路交通事故中丧生，2 千万~5 千万人受到过非致命伤害（https://www.who.int/health-topics/road-safety#tab=tab_1）。

根据弗吉尼亚理工大学交通研究所（Virginia Tech Transportation Institute, VTTI）和美国国家公路交通安全管理局（National Highway Traffic Safety Administration，NHTSA）发布的一项研究，80% 的车祸都与人类的分心有关（https://seriousaccidents.com/legal-advice/top-causes-of-car-accidents/driver-distractions/）。因此，自动驾驶汽车能够成为减少全社会交通事故的有效解决方案。为了求解自动驾驶汽车应该遵循的行驶路径，我们需要开发一些软件应用，使用人工智能（Artificial Intelligence, AI）处理数据。

Google 在几年前就成功制造了世界上第一辆自动驾驶汽车，其存在的问题在于昂贵的 3D 雷达（RADAR），价值约 7.5 万美元。

3D 雷达用于环境识别以及开发高分辨率 3D 地图。

解决这一问题的方法是在汽车上安装多个更便宜的摄像头，以识别道路上车道线的图像以及汽车的实时位置。

此外，自动驾驶汽车可以缩短车与车之间的距离，从而降低道路负荷程度，减少交通拥堵。并且，自动驾驶汽车大大降低了驾驶时的人为错误，并允许残疾人长途驾驶。

机器作为驾驶员永远不会犯错误，它能够非常准确地计算出汽车之间的距离。停车位的间距会更合理，汽车的燃油消耗将得到优化。

自动驾驶汽车是一种配备了传感器和摄像头来探测环境的车辆，它几乎可以在没有任何人类实时输入的情况下导航。许多公司正在投资数十亿美元，以便将这一技术推向现实。目前，人工智能控制驾驶的世界即将到来。

当前，自动驾驶汽车工程师正在探索几种不同的方法来开发自动驾驶系统。其中，较成功和普遍使用的方法如下：

- 机器人技术。
- 深度学习方法。

实际上，在自动驾驶汽车的开发过程中，机器人技术和深度学习方法都受到了开发人员和工程师的广泛关注。

基于机器人技术的工作原理是融合一组传感器的输出，直接分析车辆所处的环境，并对其进行相应的导航。多年来，自动驾驶汽车工程师一直在研究并改进基于机器人技术的方法。然而，工程团队目前已经开始使用深度学习方法开发自动驾驶汽车。

深度神经网络能够使自动驾驶汽车通过模仿人类驾驶的行为来学习如何驾驶。

自动驾驶汽车的五个核心组件是计算机视觉、传感器融合、定位、路径规划和控制系统。

如图 1.2 所示，我们可以看到自动驾驶汽车的五个核心组件。

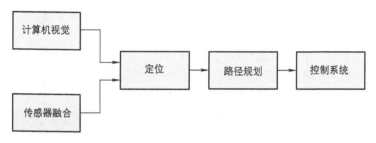

图 1.2　自动驾驶汽车的五个核心组件

下面让我们来简单了解这些核心组件。

• 计算机视觉被认为是自动驾驶汽车的眼睛，它可以帮助我们了解周围的环境是什么样子的。

• 传感器融合组合了来自各种传感器的数据，如雷达、激光雷达（LIDAR）和激光传感器（LASER），以获得对环境更深入的理解。

• 在了解了周围环境之后，我们会想知道自己在全局环境的哪个位置，而定位可以帮助我们做到这一点。

• 在了解了环境以及我们在全局环境的位置之后，即可用路径规划来确定旅行路线。路径规划是为轨迹执行而构建的。

• 控制系统可以用于转动转向盘、换档和踩制动踏板，从而实现自动驾驶。

让汽车自动沿着想要的路径行驶需要付出很多努力，但研究人员在先进系统工程的帮助下已经使这成为可能。关于系统工程的细节将在本章后面描述。

1.1.1　自动驾驶汽车的优势

有些人可能会害怕自动驾驶，但很难否认它带来的便利。下面探讨自动驾驶汽车的一些优势。

• 道路更加安全。有数据表明，94% 的交通事故是由于驾驶员的失误造成的（https://crashstats.nhtsa.dot.gov/Api/Public/ViewPublication/812115）。更高水平的自动驾驶可以通过消除驾驶员的错误来减少事故。自动驾驶最重要的结果可能是减少不安全驾驶导致的事故，特别是在药物或酒精影响下的驾驶。此外，它还可以降低乘客未系安全带、车辆高速行驶以及驾驶员分心等情况的风险。自动驾驶汽车将解决这些问题并提高安全性，我们将在本章的自动驾驶等级一节中详细介绍这一点。

1）为行动不便的人提供更大的独立性。完全自动化通常为我们提供更多的个人自由，有特殊需要的人，特别是行动不便的人，将更加独立，视力受限等不能自己开车的人将能够享受机动交通带来的便利。这些车辆还可以在提高老年人的独立性方面发挥重要作用。此外，对于那些负担不起交通费用的人来说，出行也将变得更加实惠，因为拼车将降低个人交通成本。

2）减少拥堵。使用自动驾驶汽车可以解决造成交通拥堵的几个因素。交通事故减少意味着公路上的等待车辆减少。车辆之间可以保持更有效、更安全的距离，并且减少启停次数，从而减少道路上的整体拥堵。

3）减少对环境的影响。大多数自动驾驶汽车都被设计为全电动的，因此其可以减少燃料消耗和碳排放，有助于节省燃料，并减少发动机空转造成的温室气体排放。

然而，自动驾驶汽车也有潜在的缺点。

1）自动驾驶汽车的广泛采用会直接使得运输行业车辆驾驶工作的减少。

2）由于自动驾驶汽车的地点和位置信息被集成到人机界面上，因此缺少隐私保护。如果该信息被其他人访问，那么就可能被滥用于犯罪活动。

3）汽车黑客风险，特别是当车辆相互通信时。

4）存在恐怖袭击的风险，装了炸药的自动驾驶汽车很有可能被用作远程汽车炸弹。

针对这些缺点，汽车公司和政府需要想出解决上述问题的办法，这样才能让全自动汽车上路。

1.1.2 自动驾驶汽车的进展

很多年前，在街道上使用自动驾驶汽车的想法似乎是一个疯狂的科学幻想。然而，近年来，人工智能和自动化技术的快速进步证明了自动驾驶汽车正在变成现实。但是，尽管这项技术似乎是在一夜之间出现的，但要实现今天的自动驾驶汽车，仍需要经历漫长而曲折的道路。事实上，在汽车发明后不久，发明家们就开始考虑自动驾驶汽车了。

1925 年，曾担任美国陆军电气工程师和胡迪纳无线电控制公司创始人的 Francis P Houdina，发明了一种无线电操控汽车的技术。他在一辆钱德勒汽车上安装了发射天线，并通过一个发射器从跟随其后的第二辆车上对其进行操作。

> 1968年，人工智能的创始人之一John McCarthy在一篇名为Computer-Controlled Cars的论文中提到了类似自动驾驶汽车的概念。他提到了一个自动驾驶员的想法，其能够利用电视摄像头的输入在公共道路上导航（http://www-formal.stanford.edu/jmc/progress/cars/cars.html）。

20世纪90年代初，来自卡内基梅隆大学的博士研究员Dean Pomerleau在自动驾驶汽车领域做了一些有趣的研究。首先，他描述了神经网络如何使自动驾驶汽车拍摄道路图像并实时预测转向控制；1995年，他和同事Todd Jochem一起在路上驾驶了一辆他们自己制造的自动驾驶汽车。尽管他们的自动驾驶汽车需要驾驶员控制速度和制动，但它仍然行驶了大约2797mile的路程。

> 读者可以在下面网站上找到更多关于Pomerleau的信息：http://www-formal.stanford.edu/jmc/progress/cars/cars.html。

下面介绍的是之前讨论过的2002年DARPA发起的大挑战比赛。该比赛向任何能够构建无人驾驶车辆的研究者提供100万美元的奖金，但规定该车辆应能够在莫哈韦沙漠中行驶142mile。比赛于2004年开始，但是没有一位参赛者能够完成整个路程，获胜的队伍在几个小时内只行驶了7mile。

在21世纪初期，当自动驾驶汽车还是未来主义的时候，自动泊车系统开始逐渐发展。2003年，丰田普锐斯混合动力汽车开始提供自动泊车辅助功能。之后，宝马和福特在2009年也相继推出了类似功能。

Google在2009年秘密地启动了一项自动驾驶汽车项目。该项目最初由斯坦福人工智能实验室的前主任、Google街景的共同发明人Sabastian Thrun领导，现在被称为Waymo。2012年8月，Google透露他们的无人驾驶汽车已经行驶了30万mile，而且没有发生过任何事故。

自20世纪80年代以来，包括通用汽车、福特、奔驰、沃尔沃、丰田和宝马在内的各大公司开始研发自动驾驶汽车。截至2019年，美国已有29个州通过立法支持自动驾驶汽车的发展。

> 在2013年8月，日产宣布他们将在2020年底前发布多款自动驾驶汽车。日产聆风自动驾驶汽车在英国创下了最长的自动驾驶距离记录。这辆自动驾驶汽车从贝德福德郡行驶了230mile到达了桑德兰。到目前为止，这是所有自动驾驶汽车在英国道路上进行的最长、最复杂的旅程。

NVIDIA 的 Xavier 是一款集成了人工智能功能的自动驾驶芯片。NVIDIA 还宣布与大众汽车合作，通过为自动驾驶汽车开发人工智能，将自动驾驶变为现实。

实现自动驾驶汽车已经被推入了一个疯狂的竞争中，包括科技公司、初创企业以及传统的汽车制造商。

> 预计到 2050 年，自动驾驶汽车将推动一个价值为 7 万亿美元的市场，这也解释了为什么很多公司正在大力投资以获得先发优势。

包括汽车和载货汽车在内的自动驾驶车辆市场根据用途分为运输和国防两类。预计未来交通领域将会蓬勃发展，并进一步分为工业、商业和消费应用。

> 据估计，全球自动驾驶汽车和载货汽车的市场规模从 2021 年到 2030 年将以 63.1% 的复合年均增长率增长。

预计美国将是自动驾驶车辆使用最广泛的国家，原因是美国政府对自动驾驶车辆市场的支持不断增加。美国交通部长 Elaine Chao 于 2020 年 1 月 7 日在拉斯维加斯举行的国际消费电子展上表达了对自动驾驶汽车的强烈支持。

此外，随着消费者的喜好增加，欧洲也将成为利润丰厚的自动驾驶车辆技术进步的潜在市场。

1.2 当前部署中的挑战

一些公司已经开始在美国公开测试自动驾驶出租车服务，这些服务通常以低速行驶，而且几乎都配有一名安全员。

表 1.1 列出了其中一些自动驾驶出租车服务。

表 1.1 一些自动驾驶出租车服务

出租车公司	自动驾驶出租车服务的测试区域
Voyage	在佛罗里达的村庄里
Drive.ai	德克萨斯州阿林顿
Waymo One	亚利桑那州凤凰城
Uber	宾夕法尼亚州匹兹堡
Aurora	旧金山和匹兹堡
Optimus Ride	马萨诸塞州 Union Point
May Mobility	密歇根州底特律

（续）

出租车公司	自动驾驶出租车服务的测试区域
Nuro	亚利桑那州斯科茨代尔
Aptiv	拉斯维加斯、波士顿、匹兹堡和新加坡
Cruise	旧金山、亚利桑那州和密歇根州

　　然而，尽管有很多进展，但我们必须提出一个问题：自动驾驶汽车的开发已经存在几十年，为什么它需要如此长的时间才能成为现实？原因是自动驾驶汽车有许多组成部分，只有适当地集成这些组成部分，自动驾驶汽车才能成为现实。

　　自动驾驶汽车的关键成分或区别在于所使用的传感器、硬件、软件和算法。需要大量的系统和软件工程才能将这四个不同的因素结合起来，甚至不同因素的选择在自动驾驶汽车开发中也起着重要作用。

　　本节将介绍自动驾驶汽车现有的部署和相关挑战。特斯拉公布了他们近几年在自动驾驶汽车上的研究和进展。目前，大多数特斯拉汽车都能够增强驾驶员的能力，它可以取代在公路上保持车道、监控和匹配周围车辆的速度等烦琐任务，甚至可以将无人车辆召唤到人们身边。这些功能引人瞩目，有时甚至可以挽救生命，但它仍然远未达到全自动驾驶汽车的水平。特斯拉目前的产品仍然需要驾驶员定期操作以确保他们注意力集中，并在需要时能够接管控制。

　　特斯拉等汽车制造商要想成功开发取代人类驾驶员的自动驾驶汽车，主要需要克服四个挑战。我们接下来分四个小节讨论这个问题。

1.2.1　建立安全系统

　　第一个挑战是建立一个安全系统。为了替代人类驾驶员，自动驾驶汽车需要比人类驾驶员更安全。那么，我们如何量化安全性呢？如果没有真实世界的测试，就无法保证不会发生事故，而进行真实世界测试又伴随着固有的风险。

　　我们可以从量化人类驾驶员的表现开始。在美国，目前每 100 万 h 驾驶时间约有 1 人死亡，这包括人为错误和不负责任的驾驶。所以我们可能会将自动驾驶汽车带到更高的标准，但这只是基准。因此，自动驾驶汽车的死亡率需要低于每 100 万 h 驾驶时间一例，而目前的情况并非如此。我们没有足够的数据来计算准确的统计参数，但我们知道 Uber（优步）的自动驾驶汽车大约每 19km 就需要人为干预一次。2018 年，Uber 的自动驾驶测试车撞到了一名行人，造成了第一起行人死亡事故。

　　那辆汽车当时处于自动驾驶模式，一名安全员坐在驾驶座位上。Uber 停止了在亚利桑那州进行自动驾驶汽车测试的计划，该州自 2016 年 8 月开始批准了此类测试。Uber 选择不再续订加州自动驾驶试验许可证，该许可证于 2018 年 3

月底到期。Uber 撞到行人的车辆使用了激光雷达传感器，但这种传感器无法使用来自摄像头传感器的光线进行工作。然而，即使车辆有安全员，但他不够谨慎，测试车辆遇到情况时没有进行减速。

根据 Uber 获取的数据，该测试车辆在撞击前 6s 首次用雷达和激光雷达传感器观察到行人。事故发生时，该车辆的行驶速度为 70km/h。汽车继续以同样的速度行驶，当行人和汽车的路径相交时，机器的分类算法试图对其视野中的物体进行分类。系统一开始将该目标识别为一个不明物体，然后识别成一辆汽车，接来下识别为一个骑自行车的人，而一直没有将其正确识别为一个没有确定行驶路径的行人。就在事故发生的前 1.3s，该车辆才能够识别出行人。车辆需要进行紧急制动，但由于它的程序没有选择制动，因此未能制动。

根据算法的预测，车辆的减速速度超过 $6.5m/s^2$。此外，人类操作员应该进行干预，但车辆并未设计为驾驶员提供警报。在事故发生几秒钟前，驾驶员确实通过转向盘和制动进行了干预，并将车速降至 62km/h，但为时已晚，无法挽救行人。车内没有任何故障，一切按计划运行，但这显然是一个糟糕的编程案例。在这种情况下，内部计算机显然没有程序来处理这种不确定性，而人类通常在面对未知危险时会放慢速度。即使配备了高分辨率的激光雷达，车辆也未能及时识别出行人。

1.2.2 硬件

计算机和硬件架构在自动驾驶汽车中起着重要作用，正如我们所知，这在很大程度上取决于硬件本身和用于其编程的程序。特斯拉推出了专用的新型计算机，以及专门为运行神经网络而优化的芯片，其可以在现有车辆上进行改装。这台计算机的大小和性能与现有的自动驾驶计算机相似，这使得特斯拉自动驾驶汽车的计算机能力提高了 2100%，因为它每秒可以处理 2300 帧，比之前的版本多处理了 2190 帧。这是其性能上的一个巨大的飞跃，而这种处理能力能够用于分析特斯拉传感器套件拍摄的视频素材。

特斯拉自动驾驶模型目前包括三个朝前的摄像头，全部安装在风窗玻璃后面。其中第一个是 120° 的广角鱼眼摄像头，它通过捕捉交通信号灯和移动到行驶路径上的物体来提供情景感知。第二个是一个窄角摄像头，可提供高速行驶所需的更远距离信息。第三个是主摄像头，它位于这两个摄像头的中间。车辆侧面还有四个额外的摄像头，用于检测车辆是否意外进入任何车道，并提供安全进入十字路口和变换车道所需的信息。第八个也是最后一个摄像头，位于后方，既可用作停车摄像头，也可用于避免后方障碍物引起的碰撞。

该车辆不完全依赖于视觉摄像头，它还使用了 12 个超声波传感器，可以提供车辆周围的 360° 图像。另外，它还包含一个前向雷达。

摄像头视野如图 1.3 所示。

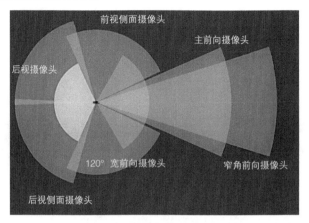

图 1.3　摄像头视野

　　寻找正确的传感器融合方式一直是自动驾驶汽车竞争公司之间争论的主题。埃隆·马斯克（Elon Musk）表示，任何依赖激光雷达传感器（其工作原理类似于雷达，但利用的是光而不是无线电波）的人都注定要失败。为了理解他为什么这样说，我们将在星形图上绘制每个传感器的优势，如图 1.4 所示。

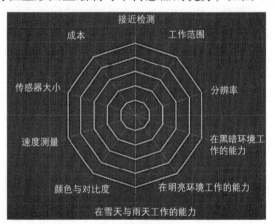

图 1.4　星形图

　　激光雷达[⊖] 具有出色的分辨率，可以提供所探测物体非常详细的信息。它可以在低光和高光情况下工作，并且还能测量速度。它的探测范围较广，在恶劣的天气条件下也能够正常工作。然而，该传感器最大的缺点为昂贵且笨重。这就是构建自动驾驶汽车的第二个挑战所在：构建一个普通人都能负担得起的合理系统。

————————————
　　⊖　原著是 RADAR，译者认为是 LIDAR——译者注。

激光雷达星形图 - 优势如图 1.5 所示。

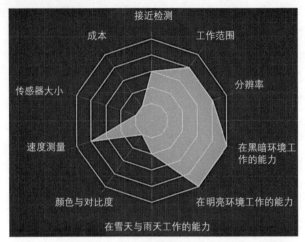

图 1.5　激光雷达星形图 - 优势

激光雷达传感器是我们在 Waymo、Uber 和大多数自动驾驶汽车公司中看到的较大的传感器。Elon Musk 在 SpaceX 利用龙眼导航传感器之后,对激光雷达的潜力有了更多的认识。目前,这对特斯拉来说是一个劣势,因为他们不仅专注于打造一款性价比高的车辆,而且还要外观好看。幸运的是,激光雷达正逐渐变得更小、更便宜。

Waymo 是 Google 公司 Alphabet 的子公司,该公司将其激光雷达传感器出售给任何不打算与其自动驾驶出租车服务计划竞争的公司。从 2009 年开始,一个激光雷达传感器的成本约为 7.5 万美元,但到 2019 年,他们通过自己制造单元,已经成功将成本降至 7500 美元。Waymo 自动驾驶汽车每侧使用四个激光雷达传感器,总成本达到了 3 万美元。这种成本与特斯拉的使命不符,因为特斯拉旨在加速世界向可持续交通转变。这个问题促使特斯拉转向使用更便宜的传感器融合设置。

接下来讨论另外三种传感器类型(雷达、图像传感器和超声波传感器)的优缺点,以了解特斯拉在没有激光雷达的情况下如何前进。

首先,我们分析一下雷达,它在所有条件下都表现良好。雷达传感器小巧廉价,能够检测速度,并且其探测范围在短距离和远距离时都很有效。它的缺点在于所提供数据的分辨率较低,但是可以通过与摄像机结合来弥补这一弱点。雷达和摄像机的星形图如图 1.6 所示。

如果将两者结合在一起,能够得到图 1.7 所示的星形图。

雷达和摄像机的结合具有出色的识别范围和分辨率,为识别道路标志提供颜色和对比度信息,并且非常小巧、便宜,使双方能够互补。它们在接近检测方面仍然不够强大,但使用两个摄像机构建立体视觉可以使摄像机像人眼一样估计距离。当需要精细调整距离测量时，可以使用超声波传感器。图 1.8 所示为一个超声波传感器的例子。

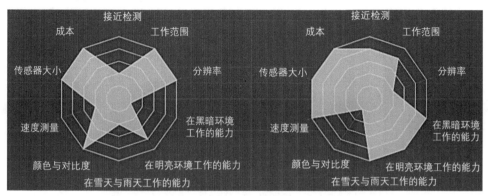

图 1.6　雷达和摄像机的星形图

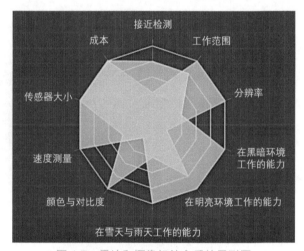

图 1.7　雷达和摄像机结合后的星形图

图 1.8　一个超声波传感器的例子

下面介绍分布在汽车周围的传感器。在特斯拉汽车中，8个环绕摄像头覆盖了车辆周围360°的范围，拍摄范围可达250m。此外，该系统还配备了12个升级的超声波传感器，可以检测到与之前设备相比远约两倍距离的硬物体和软物体。经过改进处理的前向雷达提供了外部环境的附加数据，其可穿过大雨、大雾、灰尘，甚至前方的车辆。这是一种经济有效的解决方案。据特斯拉称，他们的硬件已经可以让他们的车辆实现自动驾驶。现在，他们只需要继续改进软件算法即可。特斯拉处于实现这一目标的绝佳位置。

　　在图1.9中，我们可以看到特斯拉汽车使用图像传感器进行目标检测的效果。

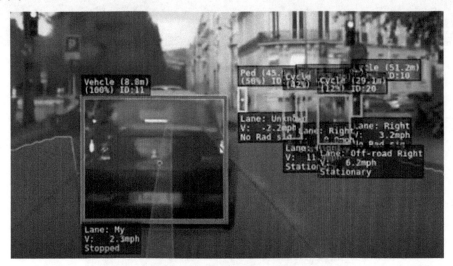

图1.9　使用图像传感器进行目标检测的效果

　　在训练神经网络时，数据至关重要。为了获取数据，Waymo已经记录了数百万千米的行驶数据，而特斯拉已经记录了超过10亿km。特斯拉汽车总行驶路程中的33%启用了自动驾驶。这种数据收集扩展了过去的自动驾驶模式。特斯拉汽车也会使用手动驾驶，并在不允许自动驾驶的区域（如城市或街道）收集数据。考虑到驾驶的所有不可预测性，需要对机器学习算法进行大量的训练，这也是特斯拉的数据为它们带来优势的地方。我们将在后面的章节中介绍神经网络。需要注意的一个关键点是，训练神经网络的数据越多越好。特斯拉的机器视觉表现较好，但仍然存在许多不足之处。

　　特斯拉软件会在它检测到的物体上放置边界框，并将它们分类为汽车、载货汽车、自行车和行人。它会为每个物体标记相对于车辆的速度和它们所占据的车道。它会突出显示可驾驶区域，标记车道分隔线，并在它们之间设置一个预测的路径。然而，在复杂的场景中，这种方法经常会遇到困难，特斯拉正在通过添加新功能来提高模型的准确性。特斯拉最新的自动驾驶计算机将从根本上提高处理能力，这将使特斯拉能够在不需要刷新信息的情况下继续添加功能。然而，即使他们成功开发出了完美的计算机视觉应用程序，如何对汽车进行编程使其能够处理各种场景也是一个难题。这是构建安全和实用的自动驾驶汽车的重要部分。

1.2.3　软件编程

另一个挑战是编程的安全性和实用性，这二者经常相互矛盾。如果仅为了安全而编程，那么最安全的选择是不开车。驾驶本身就是一项危险的操作，为驾驶过程中出现的多种情况编写程序是一项极其困难的任务。让人们遵守交通规则很容易，但问题在于人类无法完美地遵守交通规则。因此，程序员需要让自动驾驶汽车能够对此做出反应。有时，计算机需要做出艰难的决定，可能危及车内乘客或车外行人生命。这是一项危险的任务，但如果我们继续改进技术，就有可能看到道路死亡人数的减少，同时大大降低出租车服务的成本，让很多人从购车的经济负担中解放出来。

特斯拉处于不断学习的状态，它在掌握每个场景的同时逐步更新其软件。特斯拉并不是从一开始就创造出完美的自动驾驶汽车，有了这种实时更新的能力，它们将能够继续推进技术的发展。

1.2.4　高速互联网

对于自动驾驶汽车中的许多过程，都需要快速的互联网。4G 网络可以用于在线流媒体和智能手机游戏，但是对于自动驾驶汽车，需要下一代技术，比如5G。诺基亚、爱立信和华为等公司正在研究如何推出高效的互联网技术，以满足自动驾驶汽车的特殊需求。

1.3　自动驾驶等级

本节将讨论自动驾驶汽车的自主级别，其是由国际汽车工程师协会定义的。

尽管人们经常使用"自动驾驶"和"自主驾驶"这两个词，但并不是所有的车辆都具有相同的功能。汽车行业使用国际汽车工程师协会的自主级别来确定不同等级的自动驾驶能力。自动驾驶等级有助于我们了解这项快速发展的技术的发展水平。

1.0 级——手动驾驶汽车

在 0 级自动驾驶中，汽车的转向和速度都由驾驶员控制。0 级自动驾驶可能包括向驾驶员发出警告，但车辆本身不会采取任何行动。

2.1级——驾驶员辅助

在1级自动驾驶中,驾驶员负责控制汽车的大部分功能。驾驶员需要观察周围环境,以操作加速、制动和转向。1级自动驾驶的一个例子是,如果车辆与其他车辆距离过近,那么它将自动制动。

3.2级——部分自动化

在2级自动驾驶中,车辆将实现部分自动化。汽车可以接管转向和加速,并尝试代替驾驶员执行一些基本任务。然而,驾驶员仍然需要在车内监控关键的安全功能和环境因素。

4.3级——条件自动化

在3级自动驾驶及以上的级别中,车辆本身执行所有的环境监测(使用激光雷达等传感器)。在这个级别,车辆可以在某些情况下以自动驾驶模式行驶,但当车辆可能超出自动控制极限时,驾驶员应准备接管控制。

 奥迪声称,下一代A8豪华轿车将具备3级自动驾驶技术[一]。

5.4级——高度自动化

4级自动驾驶技术仅低于完全自动化。在这个级别的自动驾驶技术中,车辆可以自动控制转向、制动和加速,甚至可以监控车辆本身、行人和整个公路。在这个级别中,车辆可以在大部分时间内以自动驾驶模式行驶,但在无法控制的情况下,比如在拥挤的城市和街道等,仍需要人类驾驶员接管控制。

6.5级——完全自动化

在5级自动驾驶中,车辆将完全自主。其不需要人类驾驶员,车辆自主控制所有关键任务,如转向、制动和踏板。它能够监测环境,对所有特殊的驾驶条件进行识别与应对,如交通堵塞。

 NVIDIA开发了一款可以控制汽车的人工智能计算机,对实现5级自动驾驶具有重要意义。

1.4 深度学习和计算机视觉在自动驾驶汽车中的应用

深度神经网络可能是当今世界上最令人兴奋的新技术之一,特别是卷积神经网络,其被统称为深度学习。这些网络正在攻克一些人工智能和模式识别中最常见的问题。近年来,由于计算能力的提高,人工智能领域的重要事件越发

⊖ 截至2023年年底,新一代奥迪A8仍未配置3级自动驾驶技术——译者注。

普遍，并且经常超过人类的能力。深度学习具有一些令人兴奋的特点，比如具有自动学习复杂的映射函数以及自动扩展的能力。在许多实际应用中，例如大规模图像分类和识别任务，这些特性是必不可少的。大多数机器学习算法在某一点之后会达到瓶颈，而深度神经网络算法性能则会随着数据的增多不断增强。深度神经网络可能是唯一一个能够有效利用自动驾驶汽车传感器提供大量训练数据的机器学习算法。

随着各种传感器融合算法的使用，许多自动驾驶汽车制造商正在开发自己的解决方案，例如谷歌的激光雷达和特斯拉自主研发的为专门运行神经网络而优化的芯片。

在过去的几年中，神经网络系统在图像识别问题上有了较大改进，已经超过了人类的能力。

自动驾驶汽车可用于处理一些感官数据并做出明智的决定，例如：

车道检测：其对于正确的驾驶很有用，因为汽车需要知道它在道路的哪一边。车道检测也使得自动驾驶汽车沿着弯道行驶很容易。

道路标志识别：系统必须识别道路标志，并能够据此采取行动。

行人检测：系统在各种场景中行驶时必须实时检测行人。无论一个物体是不是行人，系统都需要检测到，以便能够确保不撞到行人。比起其他不那么重要的物体（例如垃圾），它需要在行驶到行人附近时更加小心。

交通信号灯检测：车辆需要检测和识别交通信号灯，以便像人类驾驶员一样遵守交通规则。

车辆检测：必须检测环境中存在的其他车辆。

人脸识别：自动驾驶汽车需要识别和辨认驾驶员、车内的其他人，甚至是车外的人的脸。如果车辆连接到特定网络，那么可以将这些人脸与数据库匹配，以识别是否为车辆窃贼。

障碍物检测：障碍物可以通过超声波等其他手段检测，但自动驾驶汽车还需要使用其摄像系统来识别各种障碍物。

车辆动作识别：车辆需要与其他驾驶员互动，因为在未来的很多年里，自动驾驶汽车将与非自动驾驶汽车一起行驶。

......

需求列表还在增加。深度学习系统确实是令人信服的工具，但也存在一些特性会影响其实用性，特别是在自动驾驶汽车领域。

下面介绍激光雷达和计算机视觉在自动驾驶汽车视觉中的应用。

一些人可能会感到惊讶，Google 早期的汽车几乎没有使用摄像头。激光雷达传感器非常有用，但它无法识别光和颜色，摄像头大多用于识别红绿灯等物体。

Google 已经成为世界神经网络技术领域的领导者之一。它在激光雷达、摄像头和其他传感器的传感器融合方面已经取得了巨大的成就。使用神经网络进行传感器融合有望辅助 Google 车辆的进步。其他公司，例如戴姆勒，也已经证明了其融合摄像头和激光雷达信息的出色能力。激光雷达目前已经可以使用，并且预计将变得更便宜。然而，我们仍然没有跨越门槛，向新的神经网络技术飞跃。

激光雷达的缺点之一是分辨率通常较低，因此，虽然它能感知汽车前方的物体，但可能无法确定障碍物的具体形状。我们已经在"最便宜的计算机和硬件"小节介绍了一个示例，即如何使用卷积神经网络将激光雷达与摄像头进行融合，使这些系统的性能变得更加出色，而且了解和识别物体意味着可以更好地预测它们未来的状态。

许多人声称，计算机视觉系统足以使汽车在没有地图的情况下像人一样在任意道路上行驶。其实这种方法主要适用于常见的道路，例如高速公路。它们在方向上是相同的，这也很容易理解。而且，自动驾驶系统并不是天生就能像人类一样工作。这其中，视觉系统发挥着重要作用，因为它可以对所有物体进行良好的分类，但地图也很重要，我们不能忽略它们。这是因为，如果没有这些数据，我们可能最终还是行驶在未知的道路上。

1.5　总结

本章探讨了自动驾驶汽车如何成为现实的问题。由此可以发现，自动驾驶汽车技术已经存在了几十年。本章介绍了它是如何发展的，以及随着 GPUs 等计算能力的到来进行的先进研究。另外，还介绍了自动驾驶汽车的优点、缺点、挑战和自主等级。

在下一章中，我们将深入地研究深度学习的概念，这是本书最有趣和重要的内容。

▼ 第 2 章

深入了解深度神经网络

在本章中，读者将学习一个改变我们对自动驾驶看法的主题——人工神经网络（Artificial Neural Networks，ANN）。在本章中，读者将学习如何利用这些算法构建自动驾驶汽车的感知堆栈，并了解设计和训练深度神经网络所需的不同组件。本章将会向读者介绍关于 ANNs 的知识。读者还将学习到前馈神经网络的架构模块，这是 ANN 的一种非常有用的基本类型。具体而言，我们将研究前馈神经网络的隐藏层。这些隐藏层很重要，因为它们将神经网络的行动模式与其他机器学习（Machine Learning，ML）算法区分开来。我们将从前馈神经网络的数学定义出发，以便读者能理解如何为自动驾驶汽车的感知堆栈构建这些算法。

在 ML 成为流行的目标检测方法之前，我们常使用方向梯度直方图（Histogram of Oriented Gradients，HOG）和分类器。分类器的主要目标是训练一个模型，通过识别物体的不同梯度或方向来识别物体的形状。HOG 保留图像的形状和方向，它计算图像局部部分中梯度的出现次数。

 本书没有介绍 HOC。您可以参考相关内容进行学习。

近年来，由于计算能力的进步、强大的图形处理器单元（Graphical Processor Units，GPU）的出现，以及其可以积累更多数据的能力，深度学习（Deep Learning，DL）变得非常流行。在 GPU 出现之前，我们很难在自己的机器上处理深度学习算法，因此计算成本更低是 DL 近年快速发展的一个重要原因。

本章从介绍神经网络和深度学习开始。我们还将学习神经元、激活函数、损失函数和超参数。在第 3 章，我们将使用 Keras 实现我们的第一个深度学习模型。

本章主要涵盖以下主题：

- 深入了解神经网络。
- 理解神经元和感知器。
- 人工神经网络的工作原理。
- 理解激活函数。
- 神经网络的损失函数。

- 优化器。
- 理解超参数。
- TensorFlow 与 Keras 的对比。

2.1　深入了解神经网络

深度学习是 ML 的一个子领域，它基于 ANN（见图 2.1）。深度学习模仿人类大脑，并受到人脑结构和功能的启发。深度学习的概念并不新鲜，已经存在了很多年。近年来，深度学习之所以变得流行并取得成功，是因为 GPU 等高性能处理单元以及海量数据的存在。深度神经网络（Deep Neural Networks，DNN）表现更好的原因之一是特征和高维数据之间存在复杂关系。

深度学习的一大优势在于它消除了人为干预。它取代了人类昂贵且低效的工作，并自动化了从特征和原始数据中提取信息

图 2.1　深度学习是 ML 的子领域

的大部分过程。以前，我们需要自己提取特征来使机器学习算法工作。特征的自动提取使我们能够处理更大的数据集，除了最后的监督标记步骤，其他步骤完全消除了人工干预的需要。因此，当存在大规模数据时，深度学习算法的性能远远优于大多数 ML 算法，如图 2.2 所示。

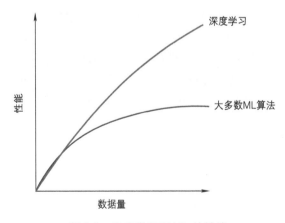

图 2.2　深度学习和 ML 的性能

令人惊讶的是，深度学习早在20世纪40年代就已经存在。它经历了各种各样的名称变化，包括控制论、连接主义和最著名的迭代，即人工神经网络。

下面介绍神经元。

本小节将讨论神经元，它们是人工神经网络的基本构建模块。如图2.3所示，我们可以通过显微镜观察到真实神经元。

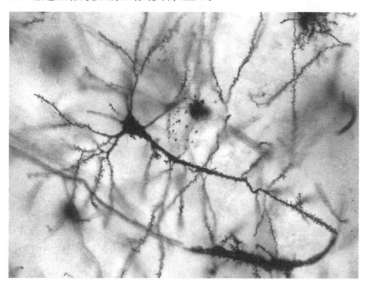

图2.3　神经元图像

现在的问题是，如何在机器学习中重构神经元？我们需要创建神经元，因为深度学习的目的就是模仿人脑这个地球上最强大的工具之一。因此，创建人工神经网络的第一步是重建一个神经元。

在ML中创建神经元之前，我们将研究西班牙神经科学家Santiago Ramony Cajal于1899年对神经元的描述。

Santiago Ramony Cajal发现了两个神经元，其顶部有分支，下方有许多纤维。

如今，我们拥有先进的技术，可以更近距离地观察神经元。图2.4所示是一个神经元，它与Santiago Ramony Cajal所画的非常相似。

我们可以看到，它有一个被称为神经元的主体，有一些被称为树突的分支，以及一个被称为轴突的长尾部分。

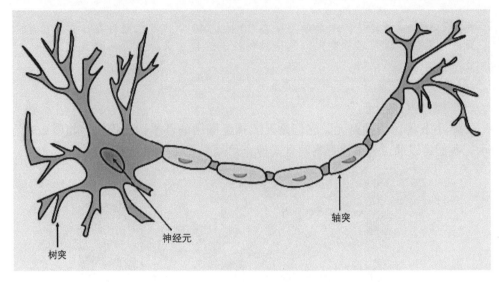

图 2.4　神经元

需要注意的是，图 2.4 只显示了一个神经元。单个神经元并不那么强大，但将许多神经元组合在一起时，它们可以创造奇迹。读者可能会想知道，它们是如何协同工作的？答案是通过树突和轴突的帮助。树突充当其他神经元信号的接收器，而轴突则是神经元信号的发射器。

> 一个神经元的树突与下一个神经元的轴突相连接，信号被传递到一个神经元的轴突，然后连接或传递到下一个神经元的树突，这就是它们是如何连接的。我们可以看到，在图 2.4 的右侧部分，轴突实际上并没有触碰到树突，因此许多 ML 科学家坚定地认为它们没有直接接触，并且已经证实它们之间没有物理连接。然而，我们对轴突与树突之间的连接很感兴趣。我们已经知道，神经元的树突以电信号的形式接收来自其他神经元轴突的输入。

在 2.2 节中，我们将详细了解神经元和感知器，并创建人工神经元。

2.2　理解神经元和感知器

正如 2.1 节中所讨论的，ANN 有生物学基础，我们通过被称为感知器的人工神经元来模拟生物神经元。感知器是生物神经元的数学模型。本节将介绍如何用人工神经元模拟生物神经元。

我们知道，生物神经元是大脑细胞。神经元的体内有树突。当电信号从树突传递到神经元的细胞体时，一个单一的输出或单一的电信号通过轴突发出，然后连接到其他神经元。这是我们的基本思想：许多电信号输入经由树突通过细胞体，然后通过轴突作为单一的输出信号。

我们可以在图 2.5 中看到这一点，该图显示了从生物神经元到人工神经元的转换。

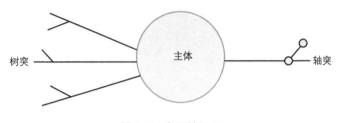

图 2.5　人工神经元

我们可以看到，人工神经元也具有输入和输出，因此成功地模仿了生物神经元。这个简单的模型被称为感知器。

让我们通过一个简单的例子来查看如何将生物神经元转化为人工神经元。如图 2.6 所示，树突被转换为输入信号，轴突被转换为输出信号，神经元主体被转换为神经元。

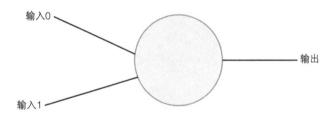

图 2.6　树突作为输入信号，轴突作为输出信号

在这种情况下，我们有两个输入和一个输出。我们从 0 开始索引，得到输入 0 和输入 1。输入是表示特征的值。因此，当有数据集时，会有各种各样的特征，这些特征可以是房屋的房间数量或者是图像的暗度，分别可以用某种像素数量或某种亮度表示。在图 2.7 所示的人工神经元转化示例中，我们将分配输入值为 12 和 4。

下一步是将这些输入信号（输入 0 和输入 1）与权值相乘。实际的神经元只有在总输入信号强度达到定义的阈值时才会发出输出信号。在这里，我们对输入 0 赋予权值 0，对输入 1 赋予权值 1，如图 2.8 所示。通常，权值是通过某种随机生成来初始化的，以至于它选择一个随机的权值。

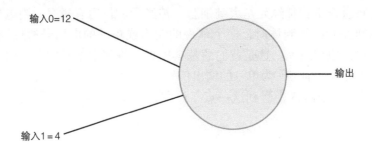

图 2.7　将 12 分配到输入 0，将 4 分配到输入 1

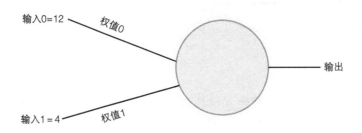

图 2.8　随机选择一个权值

在这种情况下，选择随机数作为权值，例如，权值 0 为 0.5，权值 1 为 −1，所选择的数值是任意的，如图 2.9 所示。

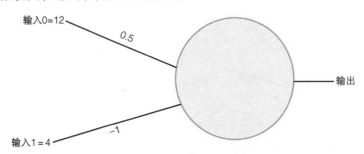

图 2.9　权值分配为 0.5 和 −1

现在，将这些输入分别与权值相乘，这意味着输入 0 为 6，输入 1 为 −4，下一步是将输入与权值的乘积传递给激活函数，如图 2.10 所示。

激活函数的选择很多，我们将在 2.4 节中介绍。这里选择一个简单的激活函数。在该情况下，如果输入的总和为正数，那么它返回 1 作为输出；如果输入的总和为负数，那么它返回 0 作为输出。在我们的例子中，输入的总和为正数，所以它将返回 1。

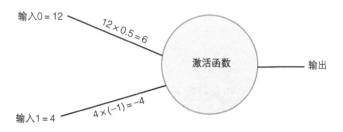

图 2.10　输入与权值相乘并将乘积传递给激活函数

可能存在这样的情况：由于原始输入为 0，因此对于每个权值，结果都将为
0。这可以通过添加一个偏置来解决。偏置是截距，它是直线的线性方程。偏置
是帮助神经网络调整输出和神经元加权和的参数。简单来说，偏置帮助模型最
佳拟合给定的数据。在这种情况下，我们将选择一个偏置为 1，如图 2.11 所示。

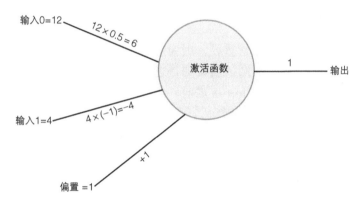

图 2.11　激活函数

因此，我们已经根据生物神经元设计了一个人工神经元。现在，我们已经
准备好学习 ANN。

2.3　人工神经网络的工作原理

我们已经了解了单个神经元或感知器的工作原理。现在，让我们将这个概
念扩展到深度学习的理念上。图 2.12 所示为多个感知器。

在图 2.12 中，我们可以看到多层的各个感知器通过输入和输出互相连接。

输入层是来自数据的实际值，因此它们将实际数据作为输入。接下来的层
是隐藏层，位于输入层和输出层之间。如果存在 3 个或更多的隐藏层，则被视
为深度神经网络。最后一层是输出层，这里我们对尝试估计的输出进行最终估
计。随着经过的层次增多，抽象程度随之增加。

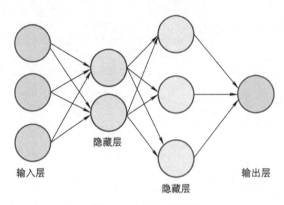

图 2.12　多个感知器

2.4　理解激活函数

激活函数对神经网络非常重要，因为它们为网络引入了非线性。深度学习由多个非线性转换组成，而激活函数则是进行非线性转换的工具。因此，在将输入信号发送到神经网络的下一层之前，会应用激活函数。由于激活函数的存在，神经网络有能力学习复杂的特征。

深度学习中有许多激活函数：
* 阈值函数。
* Sigmoid 函数。
* 整流线性函数。
* 双曲正切激活函数。

接下来，我们将从最重要的激活函数之一——阈值函数开始来介绍常用的激活函数。

2.4.1　阈值函数

阈值函数如图 2.13 所示。

在 x 轴上，对应输入的加权和；在 y 轴上，对应从 0～1 的阈值。阈值函数非常简单：如果值小于 0，那么阈值为 0；如果值大于 0，那么阈值为 1。这起到一个"是或否"的函数作用。

2.4.2　Sigmoid 函数

Sigmoid 函数是一种非常有趣的函数，可以从图 2.14 中看出。

Sigmoid 函数实际上就是一个逻辑函数。在这个函数中，任何小于 0 的值都被设为 0。这个函数通常用于输出层，特别是当人们试图找到预测概率时。

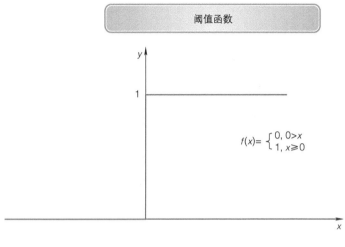

图 2.13　阈值函数

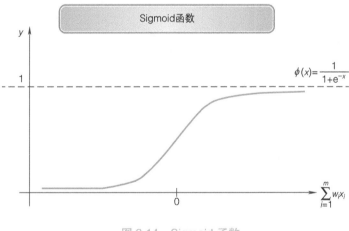

图 2.14　Sigmoid 函数

2.4.3　整流线性函数

整流线性（Rectifier Linear，ReLU）函数是 ANN 领域最流行的函数之一。如果值小于或等于 0，那么函数值设为 0，随着输入值的增加，函数值逐渐增加，如图 2.15 所示。

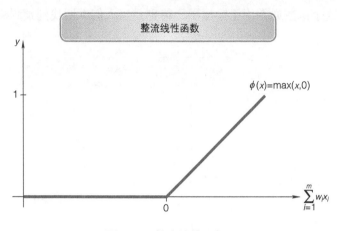

图 2.15　整流线性函数

2.4.4　双曲正切激活函数

本小节介绍双曲正切激活（Tanh）函数，如图 2.16 所示。

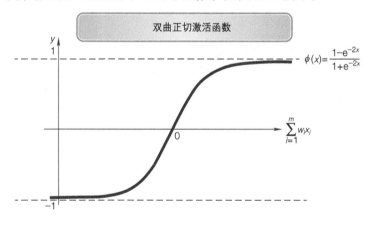

图 2.16　双曲正切激活函数

Tanh 函数与 Sigmoid 函数非常相似，除了 Tanh 函数的取值范围是（−1，1）外。就像 Sigmoid 函数一样，Tanh 函数也是 S 形的。Tanh 函数的优点是，正映射为强正，负映射为强负，0 映射为 0，如图 2.16 所示。

 有关双曲正切激活（Tanh）函数的更多信息，请参阅 http://proceedings. mlr.press/v15/glorot11a/glorot11a.pdf。

2.5 神经网络的损失函数

本节将探讨如何通过成本函数来评估神经网络的性能，用它衡量实际值与期望值之间的差距。使用符号和变量如下：

- 变量 Y 表示真实值。
- 变量 a 表示神经元的预测值。

对于权值和偏置，公式如下：

$$WX + b = z$$

式中，z 由输入（X）乘以权值（W）再加上偏置（b）得到，我们将 z 传递到激活函数中。

成本函数有很多种类型，这里只讨论其中两个：

- 二次损失函数。
- 交叉熵函数。

二次损失函数的表达式如下：

$$C = \sum (Y - a)^2 / n$$

由上式可知，当误差较大时，即实际值（Y）小于预测值（a）时，损失函数值为负值，而负值不能作为代价。因此，我们将对结果进行二次方，这样损失函数值将是一个正值。但不幸的是，当我们使用二次损失函数时，实际上降低了网络的学习率。

交叉熵函数的定义如下：

$$\text{CrossEntropy}(C) = (-1/n) \sum [y \ln(a) + (1-y)\ln(1-a)]$$

这个损失函数允许更快地学习，因为 y 和 a 之间的差异越大，神经元的学习率就越快。这意味着，在模型训练过程的开始阶段，如果预测值和实际值之间有很大差异，那么我们可以朝着使用成本函数的方向前进，因为差异越大，神经元学习的速度就越快。

神经网络从特征中学习包括两个关键组成成分。首先，有神经元及其激活函数和损失函数，但仍然缺少一个关键步骤：实际的学习过程。因此，需要找出如何利用神经元及其对误差的测量（损失函数）来纠正我们的预测或使网络学习。到目前为止，我们已经试图理解神经元和感知器，并将它们连接起来形成一个神经网络。我们也理解成本函数本质上是误差的度量。我们可使用梯度下降和反向传播来修正实际值和预测值之间的误差。

2.6　优化器

优化器定义了神经网络的学习方式。其在训练过程中定义了参数值，从而使得损失函数达到最低点。

梯度下降是一种优化算法，用于寻找函数或损失函数的最小值。对于最小化成本函数，该算法非常有用。为了找到局部最小值，取与梯度的负相关作为步长。

图 2.17 是一维空间中有关梯度下降的简单示例。

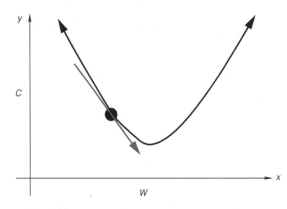

图 2.17　有关梯度下降的简单示例

y 轴是损失值（损失函数值），x 轴是选择的特定权值（选择了随机权值）。通过权值变化使损失函数最小化，图中可见，参数值基本上在抛物线的底部。目标是将损失函数的值最小化到最小值。在一维情况下，找到最小值非常简单，但在有更多参数的情况下，无法通过直观方法实现。我们将使用线性代数和深度学习库，从中获取最佳参数以最小化损失函数。

现在，让我们看看如何快速将整个网络中的参数或权值调整到最优值。这是需要用到反向传播的地方。

在处理一批数据后，可使用反向传播计算每个神经元的误差贡献。它在很大程度上依赖链式法则来遍历网络并计算这些误差。反向传播通过计算输出处的误差来反向更新网络层中的权值。它要求每个输入值都有已知的期望输出。

> 梯度下降法存在的问题之一是权值只在观察整个数据集后才更新，因此梯度通常较大，从而使得达到损失函数的最小值非常困难。解决这个问题的方法之一是更频繁地更新参数，比如另一种优化器，即随机梯度下降法。随机梯度下降法在观察每个数据点而不是整个数据集后更新权值。然

而，因为每个样本的影响，可能有噪声。为了解决这个问题，可以使用小批量梯度下降法，其在仅观察几个样本后更新参数。读者可以在论文 *An Overview of Gradient Descent Optimization Algorithms* 中了解更多关于优化器的信息。另一种降低随机梯度下降法噪声的方法是使用 Adam 优化器。Adam 是较为流行的优化器之一，其属于一种自适应学习率方法，可以计算不同参数的不同学习率。读者可以查看这篇关于 Adam 优化器的论文 *Adam: A Method for Stochastic Optimization*。

2.7 节将学习关于超参数的内容，超参数有助于微调神经网络，使其能够更有效地学习特征。

2.7 理解超参数

超参数类似于吉他上的各种音调旋钮，用于获取最佳声音。通过调节超参数，人们可以控制 ML 算法的行为。

任何深度学习解决方案的一个重要方面是超参数的选择。大多数深度学习模型具有特定的超参数，用于控制模型的各方面，包括内存或执行成本。然而，可以定义额外的超参数来帮助算法适应特定场景或解决问题。因为超参数在深度学习模型开发中扮演着非常重要的角色，所以为了获得某个模型的最佳性能，数据科学工作者通常花费大量时间调整超参数。

超参数大体上可分为两类：

- 模型训练超参数。
- 网络架构超参数。

本节将对模型训练超参数和网络架构超参数进行详细介绍。

2.7.1 模型训练超参数

模型训练超参数在模型训练中起着重要作用，其是存在于模型之外但直接影响模型的超参数。接下来将讨论以下超参数：

- 学习率。
- 批尺寸。
- 迭代次数。

让我们从学习率开始研究。

1. 学习率

学习率是所有超参数的核心，可用于优化模型性能，从而量化模型的学习进度。

学习率过低会增加模型的训练时间，因为模型需要更长的时间来逐渐改变网络权值，以达到最优状态。另外，虽然大学习率有助于模型快速适应数据，但会导致模型错过最小值。对于大多数模型来说，学习率的良好起始值是0.001；从图 2.18 可知，低学习率时，需要多次更新才能达到最小点。

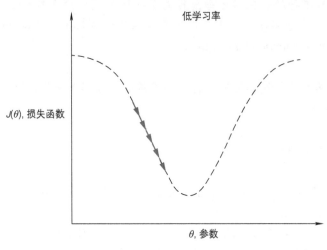

图 2.18　低学习率

最优学习率能够迅速达到最小点，其接近最小值所需的更新次数更少。图 2.19 是良好学习率下的参数更新情况。

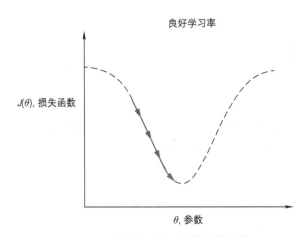

图 2.19　良好学习率下的参数更新情况

学习率过高会使得参数更新很快，从而导致损失函数发散，如图 2.20 所示。

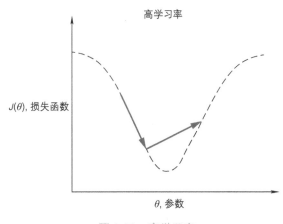

图 2.20　高学习率

Leslie Smith 关于选择学习率的论文（*Cyclical Learning Rates for Training Neural Networks*）链接如下：https://arxiv.org/abs/1506.01186。

2. 批尺寸

除了学习率之外，另一个对训练精度、时间和资源需求有巨大影响的非平凡超参数是批尺寸。基本上，批尺寸决定了训练期间单次迭代发送给 ML 算法的数据点数量。

虽然使用非常大的批尺寸对于大幅提升计算速度是有益的，但实际上模型性能会显著下降，即模型的泛化能力下降。此外，批尺寸的增加也使得训练过程需要更多内存。

虽然较小批尺寸的数据增加了训练时间，但比起使用较大批尺寸的数据，它总能产生更好的模型。这是因为较小批尺寸的数据在梯度估计中引入了更多的噪声，有助于其收敛到平坦的最小值。然而，使用小批尺寸的缺点是训练时间增加。

通常情况下，如果训练样本的数量较大，那么通常建议选择较大的批尺寸。合适的批尺寸推荐数值在 2～32 之间。读者可以参考 Dominic Masters（https://arxiv.org/search/cs?searchtype=author&query=Masters%2C+D）和 Carlo Luschi（https://arxiv.org/search/cs?searchtype=author&query=Masters%2C+D）撰写的论文 *Revisiting Small Batch Training for Deep Neural Networks*（https://arxiv.org/abs/1804.07612）以了解更多信息。正如该论文所述，介于 2～32 之间的小批量表现良好且一致。

3. 迭代次数

周期是模型训练的循环次数。一个周期指整个数据集只经过一次神经网络的前向和反向传播的时间。也就是说，当训练或验证误差继续发生变化时，周期是跟踪循环次数的简便方式。由于一个周期的数据量太大，因此需要将其分成许多较小的批进行处理。

限制迭代次数的方法之一是使用 Keras 的早停函数，即在过去的 10 ~ 20 个周期内，如果训练 / 验证误差没有改善，就会停止训练过程。

2.7.2　网络架构超参数

与深度学习模型架构直接相关的超参数称为网络架构超参数，主要包括：
- 隐藏层数目。
- 正则化。
- 激活函数超参数。

1. 隐藏层数目

对于一个模型来说，较少的隐藏层数容易学习简单的特征。然而，随着特征变得复杂或其非线性的增加，需要更多的层和单元来进行学习。

对于复杂任务来说，因为不具有足够的学习能力，所以使用较小的网络会导致模型效果不佳。另外，单元数目略多于最优值的影响不大，但是过多的单元数会导致模型过拟合。这意味着模型会试图记住训练数据集，并在训练数据集上表现良好，但在测试数据上表现不佳。因此，我们可以通过调整隐藏层的数量来调节模型性能，并验证网络的精度。

2. 正则化

正则化是一种能对学习算法进行微小的调整以使模型更具泛化能力的超参数，其也可提高模型在未见数据上的性能。

在 ML 中，正则化对系数进行惩罚。而在深度学习中，正则化对节点的权值矩阵进行惩罚。

下面将讨论两种类型的正则化：
- L1 和 L2 正则化。
- 随机失活。

（1）L1 和 L2 正则化

正则化的最常见类型是 L1 和 L2。添加正则化项，可改变整体损失函数。由于加入了这种正则化，权值矩阵的值会减小，因为它假设具有较小权值矩阵的神经网络会产生更简单的模型。

L1 和 L2 的正则化方式有所不同。L1 正则化的公式如下：

$$CostFunction = Loss + \frac{\lambda}{2m} * \sum \| w \|$$

在上式中，正则化由 lambda（λ）表示。这里，我们对绝对权值进行惩罚。L2 正则化的公式如下：

$$CostFunction = Loss + \frac{\lambda}{2m} * \sum \| w \|^2$$

在上式中，L2 正则化由 lambda（λ）表示。它也被称为权值衰减，因为它强制权值接近于 0。

（2）随机失活

随机失活是一种正则化技术，用于提高网络的泛化能力，防止网络过拟合，通常使用 0.2 ~ 0.5 的随机失活值，0.2 是一个很好的起点。一般来说，需选择多个值并检查模型的性能。

随机失活值过低，其影响可以忽略不计。但是，对于网络而言，如果随机失活值过高，则网络在模型训练过程中会对特征存在欠学习。如果在更大、更宽的网络上使用随机失活，则很可能会获得更好的性能，模型会提供更大的独立表示的机会。

图 2.21 是随机失活的示例，展示了如何从网络中删除一些神经元。

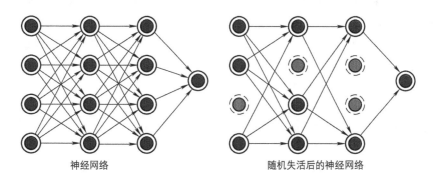

神经网络   随机失活后的神经网络

图 2.21   随机失活的示例

3. 激活函数超参数

激活函数，也称为传递函数，使模型能够学习预测非线性边界。不同的激活函数表现不同，可根据当前的深度学习任务仔细选择。我们在本章的 2.4 节"理解激活函数"中已经讨论了不同类型的激活函数。

计算机视觉和深度学习在自动驾驶汽车中的应用

2.8　TensorFlow 与 Keras 的对比

本节将介绍流行的深度学习应用程序接口（API）——TensorFlow 和 Keras。深度学习框架存在两个抽象层次：首先是较低的层次，其中包括 Tensor-Flow、Theano 和 PyTorch 等框架，在这个层次上可执行神经网络元素，如卷积和其他广义矩阵运算；然后是较高的层次，包括 Keras 等框架，在这个层次上，可利用较低级别的基元来创建神经网络层和模型，以及实现用于训练和保存模型的用户友好 APIs。

Keras 和 TensorFlow 存在于不同的抽象层次上，无法直接比较。TensorFlow 虽然用于深度学习，但它不是专门的深度学习库，也被用于许多其他应用领域。而 Keras 则是专门为深度学习开发的库，具有设计良好的 API，使用 TensorFlow 或 Theano 作为后端，能充分利用它们强大的计算引擎。

经常有人说，对于深度学习初学者，或者不进行任何深入研究来开发一些疯狂的神经网络的人员，应该只使用 Keras。借此机会表明，笔者不同意上述观点。Keras 是一个 API。API 的功能特性不会阻碍对低级框架的访问，也不会妨碍构建复杂的应用程序。另外，使用 Keras 的其他好处包括：

- 使用 Keras，有助于使代码更简洁和易读。
- 通过 Keras API 使用生成器构建模型、回调和数据流是稳定和成熟的。
- Keras 已被正式宣布为 TensorFlow 的高级抽象层。

在本书中，我们将使用 Python 作为主要编程语言，它是一种非常强大且直观的编程语言，是处理深度学习算法的最好语言之一。本书主要使用 Keras 作为深度学习库。此外，由于 Keras 已经加入了 Google 的 TensorFlow 核心库，因此可以根据需要直接将 TensorFlow 代码集成到 Keras 模型中。在许多方面，使用 Keras 可以获得两全其美的效果。

2.9　总结

本章介绍了如何将生物神经元转化为人工神经元，以及人工神经网络的工作原理以及各种超参数的概述，还介绍了深度学习的 API——TensorFlow 和 Keras。本章为深度学习奠定了基础。现在，你已经准备好开始实现深度学习模型，设计并实现自动驾驶汽车的深度学习模型的下一步。

下一章，我们将使用 Keras 来实现一个深度学习模型。

36

▼ **第3章**

使用 Keras 实现深度学习模型

第 2 章详细介绍了深度学习，我们离实现自动驾驶汽车中的计算机视觉解决方案也更近了一步。本章将介绍深度介绍 API——Keras，帮助实现深度学习模型，还将使用 Auto-Mpg 数据集来进行深度学习实现的探索。我们将从使用 Keras 开始，实现第一个深度学习模型。

本章涵盖以下主题：

* 开始使用 Keras。
* Keras 深度学习。
* 构建第一个深度学习模型。

让我们开始吧！

3.1 开始使用 Keras

Keras 是什么？ Keras 是一个基于 Python 的深度学习框架，实际上是 TensorFlow 的高级 API。Keras 可以在 Theano、TensorFlow 或 Microsoft Cognitive Toolkit（CNTK）之上运行。由于它可以在这些框架上运行，因此 Keras 非常简单且受欢迎，其构建模型就像堆叠层一样简单。我们可以使用 Keras 高级 API 创建模型、定义层，或者设置多个输入 - 输出模型。

> 🛈 最初，Keras 是作为开放式神经电子智能机器人操作系统（Open-Ended Neuro-Electronic Intelligent Robot Operating System，ONEIROS）项目相关研究工作的一部分而开发的。请访问以下链接了解更多信息：http://keras.io/。

Keras 近年来引起了很多关注，因为它是开源的，并且全球贡献者正在积极开发它。与 Keras 相关的文档数不胜数，但我们需要知道 Keras 是如何执行的。由于它是一个用于指定和训练可微分程序的 API，因此具有高性能。

为了更好地了解 Keras，我们需要了解一些深度学习框架的贡献者和支持者。Keras 在发布期间有超过 4800 名贡献者，目前这个数目已经上升到了 25

万人次。自发布以来，增长率每年都会翻倍。很多初创企业以及 Microsoft、Google、NVIDIA、Amazon 等公司为它的发展做出了贡献。

现在，让我们了解谁在使用 Keras。Netflix、Uber、Google、Huawei、NVIDIA、Expedia 等知名公司在机器学习（ML）开发中使用了 Keras。因此，下次在网飞上观看电影或预订 Uber 时，就会知道 Keras 是用来做什么的。

3.1.1　Keras 的优点

本小节将探讨 Keras 的优点。我们将使用 Keras 实现大部分项目，所以了解其优点很重要。

Keras 能尽量减少用户的认知负荷。它提供简单且一致的 API，并允许自由设计网络架构。

Keras 为用户错误提供了清晰的反馈，从而最大程度地减少了所需用户操作的数量。它具有高度的灵活性，因为它集成了 TensorFlow 等较低级别的深度学习语言。读者可以实现基础语言中构建的任何内容。

Keras 还支持多种编程语言。我们可以使用 Python 和 R 开发 Keras，可以用 TensorFlow、CNTK、Theano 和 MXNet 运行代码，这些代码可以在 CPU、TPU 和 GPU 上运行。最重要的是，它同时支持 NVIDIA 和 AMD 的 GPU。Keras 的这些优点确保了使用 Keras 生成模型的简单性。它可以与 TensorFlow Serving、GPU 加速（Web Keras、Keras.js）、Android（TF、TF Lite）、iOS（Native CoreML）和 Raspberry Pi 一起运行。

3.1.2　Keras 的工作原理

本节将介绍 Keras 的工作原理。

Keras 开发的主要思想是通过快速原型设计来促进实验。能够以最短延迟从想法到结果，是好的研究的关键。Keras 中的结构是定义完整网络的模型。要为项目创建自定义模型，只需向现有模型添加更多的层。

图 3.1 所示是 Keras 中的模型架构。

Keras 依赖于其后端进行卷积和张量乘积等低级别操作。虽然 Keras 支持多种后端引擎，但其默认后端是 TensorFlow，主要由 Google 提供支持。

3.1.3　构建 Keras 模型

Keras 主要提供了两种模型：
- 顺序模型。
- 功能模型。

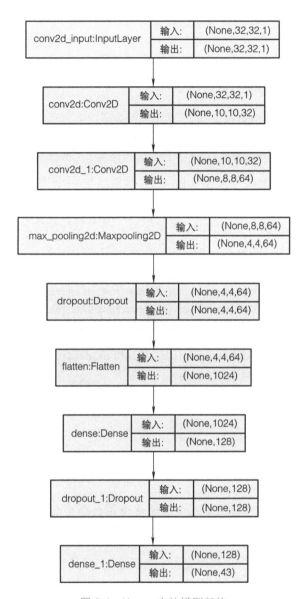

图 3.1　Keras 中的模型架构

本小节将详细地讨论这两种模型。

1. 顺序模型

顺序模型就像一系列层的线性堆叠，适用于构建简单的模型，例如简单的分类网络和编码器 - 解码器模型。它基本上将层视为一个对象馈送到下一层。

> 对于大多数问题，顺序 API 允许逐层创建模型。它限制了共享层或具有多个输入 / 输出的模型的创建。

建立顺序模型的步骤如下：

1）首先导入关键的 Python 库：

```
In[1]: import tensorflow as tf
In[2]: from tensorflow import keras
In[3]: from tensorflow.keras import layers
```

2）将模型定义为顺序模型（In[4]），然后添加一个展平层。隐藏层有 120 个神经元（In[6]、In[7]），激活函数是整流线性（ReLU）函数。In[8] 是最后一层，由 10 个神经元和 1 个 softmax 函数组成，将对数转换为和为 1 的概率：

```
In[4]: model = tf.keras.Sequential()
In[5]: model.add(tf.keras.layers.Flatten())
In[6]: model.add(tf.keras.layers.Dense(128, activation=tf.nn.relu))
In[7]: model.add(tf.keras.layers.Dense(128, activation=tf.nn.relu))
In[8]: model.add(tf.keras.layers.Dense(10, activation=tf.nn.softmax))
```

3）最后，使用 model.compile（In[9]）和 model.fit（In[10]）来训练网络，周期和批尺寸分别设置为 10 和 32：

```
In[9]: model.compile(optimizer='adam',
                loss='sparse_categorical_crossentropy',
                metrics =['accuracy'] )
In[10]: model.fit(x, y, epochs=10, batch_size=32)
```

> 一个周期指训练数据集在神经网络中正向和反向传递一次，而批尺寸指一次正向和反向传递中训练样本的数量。因此，批尺寸越大，所需的内存越多。

2. 功能模型

功能模型是两种模型中更常用的一种，这种模型的关键方面包括：

- 多输入、多输出和任意静态图拓扑结构。
- 多输入、多输出模型。
- 复杂模型，分为两个或多个分支。
- 具有共享层的模型。

> ⓘ 功能 API 能够创建更加通用的模型，因为可以轻松地定义模型，使得层不仅能连接到上一层和下一层，而且能连接到任何其他层。实际上，读者可以将层连接到任何其他层并创建自己的复杂层。

以下内容与顺序模型的实现类似，但有一些变化。这里将导入模型，并处理其结构，然后训练网络：

```
In[1]: import tensorflow as tf
In[2]: from tensorflow import keras
In[3]: from tensorflow.keras import layers
In[4]: inputs = keras.Input(shape=(10,))
In[5]: x= layers.Dense(20, activation='relu')(inputs)
In[6]: x=layers.Dense(20, activations='relu')(x)
In[7]: outputs = layers.Dense((10, activations='softmax')(x)
In[8]: model = keras.Model(inputs, outputs)
In[9]: model.fit(x, y, epochs=10, batch_size=32)
```

在功能模型中，存在一个域自适应的概念。我们过去的做法是在领域 A 上进行训练，然后在领域 B 上进行测试。这种情况下，测试数据集中的结果通常很差。

解决方案是使模型适应这两个领域，可以使用 Keras 来实现。

3.1.4 Keras 执行类型

本小节讨论 Keras 执行类型。

Keras 有两种执行类型：

- 延迟（符号）执行。
- 立即（命令式）执行。

在延迟执行中，首先使用 Python 构建计算图，然后对其进行编译，以便稍后执行。在立即执行中，Python 本身的运行时间就是所有模型的运行时间。

3.2 Keras 深度学习

本节将介绍如何使用 Keras 进行深度学习，还将探讨视觉感知这一挑战性问题，这是使得深度学习变得流行的原因。

几年前，当 AlexNet 被创建出来时，深度学习开始变得流行。AlexNet 是由 Alex Krizhevsky 设计，并与 IlyaSutskever 和博士导师 Geoffrey Hinton 共同发

表的一个卷积神经网络（CNN），也被称为深度学习之父。2012 年 9 月 30 日，AlexNet 在 ImageNet 大规模视觉感知挑战赛中获胜，效果远超其他参赛作品。AlexNet 这样的架构彻底改变了计算机视觉领域。图 3.2 所示是 AlexNet 在获胜的视觉感知挑战赛中前 5 名的预测精度。

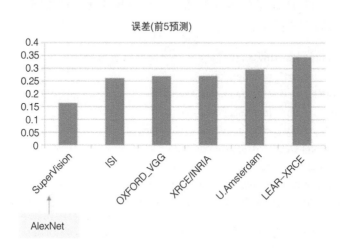

图 3.2　2012 年的视觉感知挑战赛中前 5 名的预测精度

由于深度学习需要大量的 GPU 计算和数据，因此人们开始关注并实现针对不同任务的深度神经网络，进而产生了深度学习库。Theano 是最早被广泛采用的深度学习库之一，由蒙特利尔大学维护，但其开发在 2018 年停止。过去几年中出现了各种开源的 Python 深度学习框架，一部分框架获得了很大的普及。曾经最广泛使用的深度学习库是 TensorFlow，然而，其他库也越来越受欢迎。Py-Torch 就是一个很好的例子，其由 Facebook 于 2018 年 1 月推出，将用 Lua 编写的流行的 Torch 框架移植到 Python 中。

 PyTorch 流行的主要原因是它采用了动态计算图，可有效利用内存。读者可以在 https://pytorch.org/ 上了解更多关于 PyTorch 的信息。

除了 TensorFlow 的主要框架之外，还发布了其他几个附属库，包括用于动态计算图的 TensorFlow Fold 库和用于数据输入流程的 TensorFlow Transform 库。TensorFlow 团队还发布了立即执行模式，其工作原理类似于 PyTorch 的动态计算图。

其他科技巨头也一直在努力创建自己的库。Microsoft 推出了 CNTK，Face-book 推出了 Caffe2，Amazon 推出了 MXNet，Deepmind 发布了 Sonnet。

Facebook 和 Microsoft 推出了开放神经网络交换（ONNX），这是一个用于跨框架共享深度学习模型的开放格式。例如，可在一个框架中训练模型，然后在另一个框架中运行，ONNX 如图 3.3 所示。

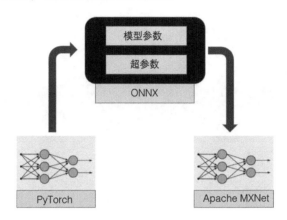

图 3.3　ONNX

理解 AI 概念的最佳方法是构建自己的神经网络，并边进行尝试边逐步理解。最好的方法是使用诸如 Keras 之类的高级库，其实际上是一个封装了多个框架的接口。无论使用哪个后端，它的工作方式都是相同的，可以作为 Tensor-Flow、Theano 或 CNTK（Microsoft）的接口使用。

> Francois Chollet 是 Google 的深度学习研究员，他创建了 Keras 并进行维护。Google 已宣布 Keras 为 TensorFlow 的官方高级 API。当涉及编写和调试自定义模块和层时，PyTorch 是更快的选择，而当人们需要快速训练和测试由标准层构建的模型时，Keras 是更快的选择。

使用 Keras 构建深度神经网络的流程如图 3.4 所示。

图 3.4　使用 Keras 构建深度神经网络的流程

Keras 的流程有定义网络、编译网络、拟合网络、评估网络及进行预测。以一个简单的三层深度学习网络为例，其包括一个输入层、一个隐藏层和一个输出层，每层都是一个矩阵操作。

输入乘以权值并加上偏置，然后对结果进行非线性激活，重复以上过程两次，得到一个结果，其中，a_1、a_2、a_3、a_4、a_5 是元素为输入乘以权值并加上偏置值的矩阵，如图 3.5 所示。

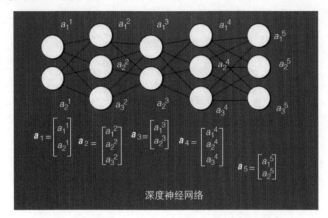

图 3.5　深度神经网络

深度网络具有多个隐藏层，这也是它被称为深度网络的原因。深度网络不仅具有一种操作类型，而且有各种各样的层适用于不同类型的网络——卷积层、随机失活层、池化层等。深度神经网络的基本思想是对输入数据进行一系列数学操作。每层代表不同的操作，然后将结果传递到下一层。因此，在某种程度上，可以将这些层视为构建模块。通过列出不同类型的层，就能将它们封装在自己的类中，并将其作为可重用的模块使用。

3.3　构建第一个深度学习模型

本节使用带有 TensorFlow 2.0 后端的 Keras 来执行深度学习操作。

本节从包含汽车技术规格详细信息的数据集开始，该数据集可以从 UCI 机器学习存储库下载，其使用的数据不是图像数据。现在，重点是使用 Keras 进行通用的机器学习。一旦了解了卷积神经网络，就可以进一步地将图像数据输入网络中。本节重点介绍使用 Keras 构建神经网络的基础知识。

3.3.1　Auto-Mpg 数据集介绍

我们将使用 Auto-Mpg 数据集。这个数据集可以从 UCI 机器学习存储库下载。下面是关于这个数据集的一些信息。

- 标题：Auto-Mpg 数据。
- 来源
  □ 原始来源：该数据集取自 Carnegie Mellon 大学维护的 StatLib 库，

曾在 1983 年的美国统计协会展览会上使用。

- □ 日期：1993 年 7 月 7 日。
- 过去的使用情况：
  - □ 请参考以前的论文中的日期：
  - □ Quinlan, R. (1993). Combining Instance-Based and Model-Based Learning. In Proceedings on the Tenth International Conference of Machine Learning, 236-243, University of Massachusetts, Amherst. Morgan Kaufmann.
- 相关信息：这个数据集是 StatLib 库中提供的数据集稍作修改的版本。根据 Ross Quinlan（1993）在预测 mpg 属性时的使用情况，删除了 8 个原始实例，因为它们的 MPG 属性具有未知值。原始数据集可以在 auto-mpg.data-original 文件中找到。该数据涉及城市循环燃油消耗（英里 / 加仑），通过 3 个多值离散属性和 5 个连续属性进行预测（Quinlan，1993）。
- 实例数量：398。
- 属性数量：9 个，包括类别属性。
- 属性信息
  - □ MPG（英里 / 加仑）：连续型。
  - □ Cylinders（气缸）：多值离散型。
  - □ Displacement（位移）：连续型。
  - □ Horsepower（马力）：连续型。
  - □ Weight（重量）：连续型。
  - □ Acceleration（加速度）：连续型。
  - □ Model year（车型年份）：多值离散型。
  - □ Origin（产地）：多值离散型。
  - □ Car name（汽车名称）：字符串（每个实例唯一）。
- 缺失属性值：horsepower 属性有 6 个缺失值。

接下来将使用 Keras 获取并处理 Auto-Mpg 数据。

ℹ️ 关于 Auto-Mpg 数据集的更多信息请见 https://archive.ics.uci.edu/ml/datasets/auto+mpg。

3.3.2 导入数据

首先导入本任务所需的库之一：NumPy。其步骤如下。

1）导入 Pathlib、Matplotlib、Seaborn、TensorFlow 和 Keras 等库。我们已经了解了 TensorFlow 和 Keras。Matplotlib 和 Seaborn 可用于可视化，Pathlib 提供了一种可读性更强、更易于构建路径的方式。另外，Pandas 是目前最好的数据预处理库之一：

```
In[1]: import pathlib
In[2]: import matplotlib.pyplot as plt
In[3]: import pandas as pd
In[4]: import seaborn as sns
In[5]: import tensorflow as tf
In[6]: from tensorflow import keras
In[7]: from tensorflow.keras import layers
In[8]: from future import absolute_import, division, print_function, unicode_literals
```

2）从 https://archive.ics.uci.edu/ml/machine-learning-databases/auto-mpg/auto-mpg.data 中导入数据：

```
In[9]: dataset_path = keras.utils.get_file("auto-mpg.data", "https://archive.ics.uci.edu/ml/
machine-learning-databases/auto-mpg/auto-mpg.data")
In[10]: column_names = ['MPG','Cylinders','Displacement','Horsepower','Weight', 'Accel-
eration', 'Model Year', 'Origin']
In[11]: raw_dataset = pd.read_csv(dataset_path, names=column_names, na_values="?",
                                   comment='\t', sep=" ", skipinitialspace=True)
In[12]: dataset = raw_dataset.copy()
```

3）如图 3.6 所示，Auto-Mpg 数据集中有多个特征列（MPG、Cylinders、Displacement、Horsepower、Weight、Acceleration、Model Year 和 Origin）。

MPG	Cylinders	Displacement	Horsepower	Weight	Acceleration	Model Year	Origin
27.0	4	140.0	86.0	2790.0	15.6	82	1
44.0	4	97.0	52.0	2130.0	24.6	82	2
32.0	4	135.0	84.0	2295.0	11.6	82	1
28.0	4	120.0	79.0	2625.0	18.6	82	1
31.0	4	119.0	82.0	2720.0	19.4	82	1

图 3.6　Auto-Mpg 数据集

在图 3.6 中，MPG 表示英里 / 加仑；Cylinders 表示气缸；Displacement 表示位移；Horsepower 表示马力；Weight 表示重量；Acceleration 表示加速度；Model Year 表示车型年份；Origin 表示产地。

4）对 Origin 列进行独热编码，因为 Origin 列属于分类数据。在这里，Origin 包括 USA、Europe 和 Japan。下面是执行此操作的代码：

```
# 数据中有大约 6 个缺失值，删除这些缺失值
In[13]: dataset = dataset.dropna()
# Origin 列是分类数据，所以进行独热编码
In[14]: origin = dataset.pop('Origin')
In[15]: dataset['USA'] = (origin == 1)*1.0
In[16]: dataset['Europe'] = (origin == 2)*1.0
In[17]: dataset['Japan'] = (origin == 3)*1.0
In[18]: dataset.tail()
```

在对 Origin 列进行独热编码后，数据集如图 3.7 所示。

MPG	Cylinders	Displacement	Horsepower	Weight	Acceleration	Model Year	USA	Europe	Japan
27.0	4	140.0	86.0	2790.0	15.6	82	1.0	0.0	0.0
44.0	4	97.0	52.0	2130.0	24.6	82	0.0	1.0	0.0
32.0	4	135.0	84.0	2295.0	11.6	82	1.0	0.0	0.0
28.0	4	120.0	79.0	2625.0	18.6	82	1.0	0.0	0.0
31.0	4	119.0	82.0	2720.0	19.4	82	1.0	0.0	0.0

图 3.7　具有 Origin 的数据集

在图 3.7 中，MPG 表示英里 / 加仑；Cylinders 表示气缸；Displacement 表示位移；Horsepower 表示马力；Weight 表示重量；Acceleration 表示加速度；Model Year 表示车型年份；USA 表示美国；Europe 表示欧洲；Japan 表示日本。

3.3.3　分割数据

现在需要将数据分割成训练集和测试集。值得注意的是，有时会将数据分成训练集、测试集和验证集三部分。这里为了简单起见，只使用训练集和测试集。

首先，按照训练数据集：测试数据集（80:20）的比例，将数据分割成 train_data 和 test_data。使用 train_data 进行训练，使用 test_data 进行预测：

```
In[19]: train_data = dataset.sample(frac=0.8, random_state=0)
In[20]: test_data = dataset.drop(train_dataset.index)
```

然后，将 MPG 标签从训练集和测试集中分离出来：

```
In[21]: train_labels = train_data.pop('MPG')
In[22]: test_labels = test_data.pop('MPG')
```

最后，对数据集进行归一化，因为这有助于提高模型的性能。

3.3.4 标准化数据

通常情况下，当我们使用神经网络时，对数据进行标准化可以提高性能。标准化的意思是将值归一化，使其适应某个特定的范围，例如 0 ~ 1 或 −1 ~ +1。

还有一种方法可以对数据进行归一化：使用均值和标准差。下面代码中的归一化函数可以标准化数据以提高性能：

```
In[23]: def normalization(x):
           return (x - train_stats['mean']) / train_stats['std']
In[24]: normed_train_data = normalization(train_dataset)
In[25]: normed_test_data = normalization(test_dataset)
```

 这里使用均值和标准差进行了标准化处理。一般来说，建议首先将数据进行一次性的归一化处理，然后将其分成训练集和测试集。

3.3.5 构建和编译模型

现在开始构建一个简单的神经网络。

这一部分需要在深度学习模型中添加所需的层，步骤如下。

1）首先，导入 TensorFlow、Keras 和 Layers：

```
In[26]: import tensorflow as tf
In[27]: from tensorflow import keras
In[28]: from tensorflow.keras import layers
```

2）然后构建模型。这里使用具有双隐藏层的 Sequential() 模型，并输出单一的连续值。这里使用一个名为 model_building 的包装函数来实现。在编译模型时，需要选择损失函数、优化器和评估指标。这里将 RMSprop 作为优化器，将 mean_square_error 作为损失函数，将 mean_absolute_error 和 mean_square_error 作为所需的评估指标。均方误差（MSE）是用于回归问题的常见损失函数。另外，回归问题的常见评估指标是平均绝对误差（MAE）：

```
In[29]: def model_building():
           model = keras.Sequential([
           layers.Dense(64, activation=tf.nn.relu, input_shape=[len(train_dataset.keys())]),
           layers.Dense(64, activation=tf.nn.relu),
           layers.Dense(1)])
             optimizer = tf.keras.optimizers.RMSprop(0.001)
             model.compile(loss='mean_squared_error',
```

```
      optimizer=optimizer, metrics=['mean_absolute_error', 'mean_squared_error'])
        return model
In[30]: model = model_building()
```

检查模型概述：

```
In[31]: model.summary()
```

输出的模型概述如图 3.8 所示。

```
Layer (type)                    Output Shape            Param #
=================================================================
dense_9 (Dense)                 (None, 64)              640

dense_10 (Dense)                (None, 64)              4160

dense_11 (Dense)                (None, 1)               65
=================================================================
Total params: 4,865
Trainable params: 4,865
Non-trainable params: 0
```

图 3.8　模型概述

3.3.6　训练模型

本小节开始训练模型。

从下面的代码中可以看出 model.fit 的用途是帮助启动训练过程：

```
# 通过每个完整周期绘制一个点来显示训练进度
In[32]: class PrintDot(keras.callbacks.Callback):
        def on_epoch_end(self, epoch, logs):
            if epoch % 100 == 0: print('')
            print('.', end='')
In[33]: EPOCHS = 1000
In[34]: history = model.fit(normed_train_data, train_labels, epochs=EPOCHS,
validation_split=0.2, verbose=0, callbacks=[PrintDot()])
```

可视化模型的训练进度：

```
In[35]: hist = pd.DataFrame(history.history)
In[36]: hist['epoch'] = history.epoch
In[37]: hist.tail()
In[38]: def plot_training_history(history):
        hist = pd.DataFrame(history.history)
```

```
hist['epoch'] = history.epoch

plt.figure()
plt.xlabel('Epoch')
plt.ylabel('Mean Abs Error [MPG]')
plt.plot(hist['epoch'], hist['mean_absolute_error'], label='Train Error')
plt.plot(hist['epoch'], hist['val_mean_absolute_error'], label='Val Error')
plt.ylim([0, 5])
plt.legend()
plt.figure()
plt.xlabel('Epoch')
plt.ylabel('Mean Square Error [$MPG^2$]')
plt.plot(hist['epoch'], hist['mean_squared_error'], label='Train Error')
plt.plot(hist['epoch'], hist['val_mean_squared_error'], label='Val Error')
plt.ylim([0, 20])
plt.legend()
plt.show()
```
In[39]: plot_training_history(history)

训练进度的可视化效果如图 3.9 所示。

在图 3.9 中，Mean Abs Error [MPG] 表示平均绝对误差 [MPG] ；Mean Square Error [MPG^2] 表示均方误差 [MPG] ；Train Error 表示训练误差 ；Val Error 表示验证误差。

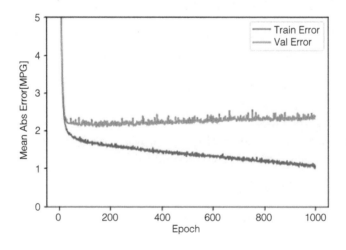

图 3.9　训练进度的可视化效果

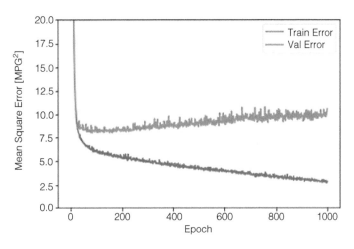

图 3.9　训练进度的可视化效果（续）

从以上内容可以看出，验证损失在某些时候有所改善，但有时也会出现恶化的情况。有一种解决方案可以在验证分数不再改善时自动停止训练过程：回调。回调函数是一组在训练过程中的特定阶段应用的函数。下面将使用回调函数作为早停机制，通过提前终止训练来避免过拟合，实现代码如下：

```
model = model_building()

# patience 参数是训练周期数，用于检查收敛⊖　性能。
early_stop = keras.callbacks.EarlyStopping(monitor='val_loss', patience=10)
history = model.fit(normed_train_data, train_labels, epochs=EPOCHS, validation_
split=0.2, verbose=0, callbacks=[early_stop, PrintDot()])
plot_history(history)
```

如图 3.10 所示，验证集上的训练误差和测试误差通常在 −/+2MPG 之间。生成结果的代码如下：

```
loss, mae, mse = model.evaluate(normed_test_data, test_labels, verbose=0)
print("Testing dataset Mean Abs Error(MAE): {:5.2f} MPG".format(mae))
Testing dataset set Mean Abs Error(MAE): 1.96 MPG
```

可以看到 MAE 的值为 1.96，结果较好。

此时，模型已经训练好了。接下来就可使用未见数据进行一些预测。

⊖　如果 val_loss 在 patience=10 个训练周期里不下降，那么训练停止——译者注。

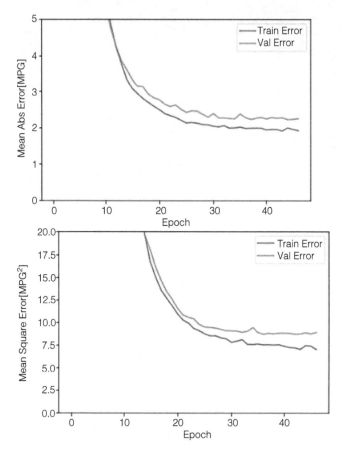

图 3.10　使用回调函数作为早停机制后的训练误差和测试误差

3.3.7　预测新的、未知的模型

现在，通过对 Auto-Mpg 数据集的测试数据进行预测来评估模型性能。应注意，模型从未见过之前提到的测试数据。该预测过程相当于在全新数据上使用模型。

上述的测试数据为：

```
test_predictions = model.predict(normed_test_data).flatten()
plt.scatter(test_labels, test_predictions)
plt.xlabel('True Values [MPG]')
plt.ylabel('Predictions [MPG]')
plt.axis('equal')
```

```
plt.axis('square')
plt.xlim([0, plt.xlim()[1]])
plt.ylim([0, plt.ylim()[1]])
_ = plt.plot([-100, 100], [-100, 100])
plt.show()
```

图 3.11 所示为真实值和预测值的散点图，显示了模型误差。

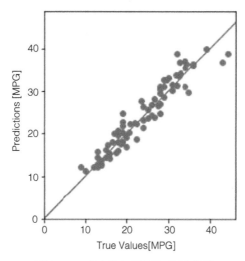

图 3.11　真实值与预测值的散点图

在图 3.11 中，Predictions [MPG] 表示预测值 [MPG]；True Values [MPG] 表示真实值 [MPG]。

接下来就可评估模型的性能。

3.3.8　评估模型的性能

模型的性能如何？如何衡量其性能？这要视情况而定。可以通过绘制预测错误的次数来评估模型性能：

```
error = test_predictions - test_labels
plt.hist(error, bins=25)
plt.xlabel("Prediction Error [MPG]")
plt.ylabel("Count")
plt.show()
```

输出如图 3.12 所示。

在图 3.12 中，Prediction Error [MPG] 表示预测错误 [MPG]；Count 表示次数。

从图 3.12 可以看出，模型的预测效果相当不错。由模型的误差分布可见，它并不完全服从高斯或正态分布，但由于样本数量很小，因此可以认为它是非高斯分布。

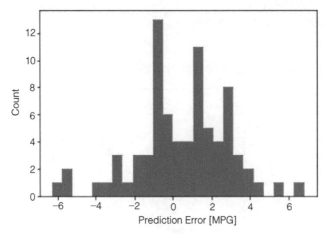

图 3.12　模型中预测误差的计数

3.3.9　保存和加载模型

模型已经训练完成后，需要保存和加载它，相关步骤如下。

1）首先保存模型：

In[39]: model.save('myfirstmodel.h5')

2）然后导入模型：

In[40]: from keras.models import load_model
In[41]: newmodel = tf.keras.models.load_model('myfirstmodel.h5')

3）最后使用导入的模型进行预测：

In[34]: test_predictions = model.predict(normed_test_data).flatten()

通过以上所有操作，我们已经实现了第一个深度学习模型。

3.4　总结

在本章中，首先学习了 Keras 的基础知识，并了解了为什么 Keras 非常有用。另外，还学习了 Keras 的执行类型，并逐步构建了第一个深度学习模型。了解了构建模型的不同步骤：导入数据、分割数据、归一化数据、构建模型、编译模型、训练模型、预测未见数据、评估模型性能、保存和加载模型。

第 2 部分
深度学习和计算机视觉

本书的这一部分侧重于介绍在自动驾驶汽车领域中使用的先进计算机视觉技术。读者将学习使用 OpenCV 进行图像预处理和特征提取技术，并将深入研究卷积神经网络（CNN），以及使用 Keras 实现多个图像分类模型。

本部分包括以下章：

- 第 4 章　自动驾驶汽车中的计算机视觉
- 第 5 章　使用 OpenCV 查找道路标志
- 第 6 章　使用 CNN 改进图像分类器
- 第 7 章　使用深度学习进行道路标志检测

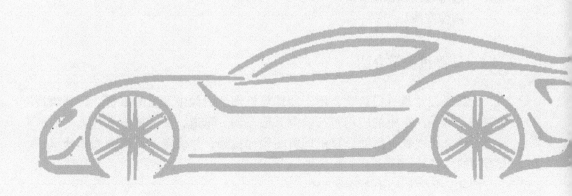

第4章 ▼

自动驾驶汽车中的计算机视觉

自动驾驶汽车中通常将摄像头作为车辆传感器套件中的主要传感器。摄像头的感知内容丰富，能够捕捉到车辆周围环境的详细信息，但需要进行大量的处理才能利用拍摄到的信息。在本书中，读者将亲自体验如何通过算法处理摄像头图像，提取对自动驾驶有用的信息。

在所有常见的自动驾驶汽车传感器中，摄像头是提供关于环境中物体最详细视觉信息的传感器。有关周围环境外观的信息对于需要理解场景的任务特别有用，如目标检测、语义分割和目标识别。这些外观信息使我们能够区分道路标志、交通灯状态以及跟踪转向信号，并将图像中重叠的车辆分为单独的个体。由于其高分辨率的输出，因此摄像头能够收集和提供比自动驾驶中使用的其他传感器多几个数量级的信息，同时成本相对较低廉。高价值的外观信息和低成本的结合使得摄像头成为传感器套件的重要组成部分。

本章将介绍计算机视觉的基础知识。读者将学习如何表示图像，如何获取图像内的特征，以及如何获取图像的梯度。使用摄像头传感器时，了解图像的相关知识非常重要。

本章将涵盖以下主题：
* 计算机视觉介绍。
* 图像的基本构建块。
* 颜色空间技术。
* 卷积介绍。
* 边缘检测和梯度计算。
* 图像变换。

4.1　计算机视觉介绍

计算机视觉是一门科学，用于使计算机理解图像中发生的事情。计算机视觉在自动驾驶汽车中的应用包括检测其他车辆、车道、交通标志和行人。简而言之，计算机视觉可帮助计算机理解图像和视频，并确定计算机在周围环境中所看到的内容。

图 4.1 所示为人眼的解释方式。

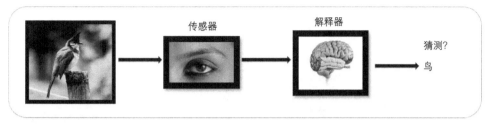

图 4.1　人眼的解释方式

　　在图 4.1 中，可以看到人类是通过他们的眼睛进行观察的。眼睛捕捉到视觉信息后在大脑中进行解释，得出这个物体是一只鸟的结论。类似地，在计算机视觉中，摄像头扮演了人眼的角色，计算机扮演了大脑的角色。图 4.2 所示为计算机的解释方式。

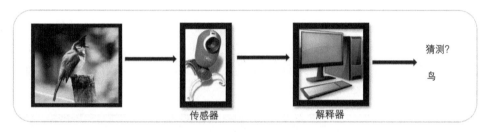

图 4.2　计算机的解释方式

　　现在的问题是，计算机视觉中实际发生了什么过程？计算机是如何模仿人脑的？实际上，它基于人类视觉的原理：使用摄像头提取图像，并在计算机内开发机器学习算法，实现对图像的分类。

　　计算机视觉不仅适用于自动驾驶汽车，还适用于人脸识别、目标检测、手写识别、车牌号码识别、医学成像、图像重建、图像合成、图像风格转换和目标分割等领域。

4.1.1　计算机视觉的挑战

计算机视觉面临着以下挑战：

（1）视角变化

　　首先是视角变化带来的挑战。图 4.3 所示的两张图片都是道路的图片，但视角不同。让计算机使用这些图片进行通用检测，使其能从不同的视角检测所有道路是非常困难的。这对于人类来说很简单，但对于计算机来说就有挑战性了。第 5 章中将看到更多类似的挑战。

（2）摄像头限制

　　下一个挑战是摄像头限制。高质量的摄像头可以拍摄更高质量的图片。由于图像质量是用像素来衡量的，因此像素数量越高，摄像头质量越好。

图 4.3　视角不同的两张道路图片

（3）光照条件

光照也是一个挑战。图 4.4 所示为不同光照条件下的道路。在白天，机器学习算法也许能帮助对道路进行分类；但在夜间或雾天，图像特征变化，算法对道路的识别变得更加困难。当然，我们希望汽车在白天、夜间或雾天都能够安全行驶。

图 4.4　不同光照条件下的道路

（4）缩放

当处理的图像时，最大的挑战是缩放。图像的缩放指的是调整图像的大小。大多数机器学习算法期望输入具有相同的维度，因此必须相应地重新调整图像尺寸以符合这个要求。但是，如果图像被放大到一定程度，就会失去原有的清晰度。

（5）目标差异

目标差异指的是目标结构上的差异。例如，我们可以将图 4.5 中的所有物体都归类为椅子，但对于机器学习算法来说，很难对各种类型的椅子进行全面分类。

图 4.5　不同类型的椅子

4.1.2　人工眼睛与人眼的对比

本小节比较人工眼睛和人眼的要求。表 4.1 所示为自动驾驶汽车对人工眼睛的需求及与人眼功能之间的差异。

表 4.1　自动驾驶汽车对人工眼睛的需求及与人眼功能之间的差异

自动驾驶汽车对人工眼睛的需求	人眼功能
需要对车辆周围进行 360° 覆盖	人眼的 3D 视觉范围仅为 130°，存在盲区。人类可以通过转动头部和身体以减轻该影响
需要识别车辆附近和远离车辆的 3D 物体	人眼的高分辨率仅存在于视野中央的 50° 内。在中央区域之外，感知能力下降
需要实时处理数据	人眼在中央区域的图像质量较好，而在周边区域较差
能够在各种光照和天气条件下工作良好	人眼在各种光照条件下表现良好，但在黑暗中，人眼依赖车辆的前灯才能看清事物

表 4.1 中的人眼忽略了年龄、疾病以及影响处理能力 / 时间的个体认知能力。由此得出的结论是，人眼在某些情况下表现出色，但人工眼睛或摄像头则需要大量的增强才能与人眼相媲美。

我们已经了解了使自动驾驶汽车感知世界的传感器，例如摄像头、LIDAR、RADAR 和 GPS 等传感器。这些传感器都用于采集数据。机器学习算法可以处理传感器数据以采取行动。这些传感器的简要介绍如下：

1）摄像头传感器：这些传感器提供详细的图像信息，但需要使用深度学习来解释 2D 图像。

2）LIDAR（光探测和测距）：该传感器的工作原理类似于雷达，但它不是发送无线电波，而是发射红外激光束，并测量红外激光束返回所需的时间。它可以实时构建真实世界的 3D 地图。

3）RADAR（雷达）：通过发送无线电波来探测目标。与激光雷达相比，雷达更便宜。

4）GPS（全球定位系统）：使用 HD 地图，提供车辆当前位置信息。

4.2 图像的基本构建块

本节学习如何以数字形式表示图像，以及如何在机器学习世界中更好地使用图像进行图像处理等任务。

我们将从了解人类如何看到颜色开始。假设有一个黄色的盒子，大脑可以看到黄色，这是由于人眼观察到的光波通过大脑的视觉皮层被转换为黄色。当我们看到一个黄色的盒子时，反射光的波长决定了我们看到的颜色。光波从黄色盒子反射出来，以 570～580nm 的波长（黄光的波长）照射到我们的眼睛。

4.2.1 图像的数字表示

现在将从灰度图像开始，介绍如何以数字方式表示图像。灰度图像是仅包含灰度色调的图像。灰度图像是图像的一种简化形式，因此易于在多种应用中进行处理。这些图像也被称为黑白图像。图 4.6 所示为一辆车的灰度图像，这个图像以像素的形式（以数字形式）存储。

图 4.6　灰度图像

每个像素都有一个范围从 0～255 的值。如果像素值为零，则表示颜色为黑色。如果像素值为 255，则表示颜色为白色。随着该数值的增加，像素的亮度也会增加。在图 4.7 中，可以看到黑色像素包含数字 0，白色像素包含数字 255，还可以看到灰度像素，其出现在 0～255 之间。以上基本上是用十进制数字的形式来表示图像的方式。现在，假设我们想要以计算机容易理解的二进制形式保存图像。在二进制中，0 等于 00000000，255 等于 11111111。在图 4.7 中可以看到像素值和二进制值之间的比较。

255	255	255	11111111	11111111	11111111
155	155	155	10011011	10011011	10011011
0	0	0	00000000	00000000	00000000

图 4.7　像素值范围

下一步学习如何以彩色格式表示图像。在灰度图像中有一个图层，这一层有许多像素，每个像素的编号都在 0～255 之间。对于彩色图像，不止有一个图层，而是有由三种颜色组成的三个图层，即红色、绿色和蓝色。在彩色格式中，每个像素坐标都包含从 0～255 的三个值，且每个像素都有 8 位。所有图像都可以表示为红色、蓝色和绿色的混合色。

这里以一张图像为例，并将其分成多个像素，每个像素都是一个不同的层，得到红色、绿色和蓝色（RGB）通道，如图 4.8 所示。将它们混合在一起可以得到新的颜色，例如，当混合红色和绿色时，能得到黄色，而通过混合蓝色和红色，能得到粉色。这就是为什么我们的眼睛可以看到不同的颜色。

在图 4.8 中有三个颜色通道，照片中的所有颜色都是使用红色通道、绿色通道和蓝色通道形成的。

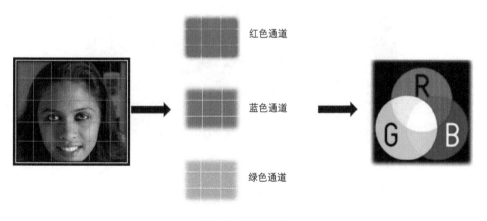

图 4.8　颜色通道

对于具有相同像素的灰度和 RGB 格式的图像，因为 RGB 图像有三个通道，所以 RGB 图像的大小是灰度图像的 3 倍。

图 4.9 所示为包含红色、蓝色和绿色像素的一个示例。

图 4.9　包含红色、蓝色和绿色像素的示例

从图 4.9 可以看到，红色的通道 1 值为 255，通道 2 值为 0，通道 3 值为 0。类似地，如果通道 1 为 0，通道 2 为 255，通道 3 为 0，那么颜色是绿色；如果通道 1 为 0，通道 2 为 0，通道 3 为 255，则颜色是蓝色。

我们可以通过混合这些通道来创建新的颜色。例如，如果通道 1 为 255，通道 2 为 255，通道 3 为 0，则得到的颜色为黄色。

4.2.2　从 RGB 到灰度图像的转换

本小节将使用一个强大的图像处理库 OpenCV，并使用它将图像转换为灰度图像。这里以图 4.10 所示的一张道路的彩色图像为例，研究上述问题。

图 4.10　示例图像

使用 OpenCV 库将彩色图像转换为灰度图像，步骤如下：

1）首先导入 Matplotlib（Mpimg 和 Pyplot）、NumPy 和 OpenCV 库：

```
In[1]: import matplotlib.image as mpimg
In[2]: import matplotlib.pyplot as plt
In[3]: import numpy as np
In[4]: import cv2
```

2）接下来导入要处理的图像：

```
In[5]: image_color = mpimg.imread("image.jpg')
In[6]: plt.imshow(image_color)
```

读取的图像如图 4.11 所示。

图 4.11　使用 Matplotlib 读取的图像

3）在图 4.11 中，图像有三个通道，因为它是以 RGB 格式表示的。查看图像的尺寸，可以看到值为（515, 763, 3）：

```
In [7]: image_color.shape
Out [7]: (515, 763, 3)
```

4）现在把彩色图转换为灰度图，OpenCV 代码如下：

```
In [8]: image_gray = cv2.cvtColor(image_color, cv2.COLOR_BGR2GRAY)
In [9]: plt.imshow(image_gray, cmap='gray')
```

> ℹ OpenCV 将 RGB 图像表示为多维的 NumPy 数组，但顺序与实际相反。这意味着图像实际上是以 BGR 而不是 RGB 的形式表示的。我们可以在上述代码中看到，参数是 cv2.COLOR_BGR2GRAY。在这里，BGR 指的是蓝色、绿色和红色通道。

得到的灰度图像如图 4.12 所示。

图 4.12　灰度图像

5）正如我们所知，灰度图像使用由黑色和白色组成的单一通道，如下面的代码所示，其完全由灰度色调组成。通道的值为（515, 763）：

```
In[10]: image_gray.shape
Out [10]: (515,763) ⊖
```

4.2.3　道路标记检测

本小节将通过突出显示灰度图像和彩色图像中道路标线的白色部分来进行图像处理。我们将从在灰度图像中检测这些部分开始。

1. 使用灰度图像进行检测

从使用 OpenCV 处理灰度图像开始，步骤如下：

1）首先使用以下代码导入 Matplotlib（Mpimg 和 Pyplot）、NumPy 和 OpenCV 库：

```
In[1]: import matplotlib.image as mpimg
In[2]: import matplotlib.pyplot as plt
In[3]: import numpy as np
In[4]: import cv2
```

2）然后读取图像并将其转换为灰度图像：

```
In[5]: image_color = mpimg.imread('Image_4.12.jpg')
In[6]: image_gray = cv2.cvtColor(image_color, cv2.COLOR_BGR2GRAY)
In[7]: plt.imshow(image_gray, cmap='gray')
```

⊖　原著为（280，660），译者认为这里应改为（515，763）。

前面已经看过转换后的图像，它是彩色图像的灰度转换，如图 4.13 所示。

图 4.13　彩色图像的灰度转换

3）查看图像的尺寸，这里为 (515, 763)：

```
In[8]: image_gray.shape
Out[8]: (515, 763)
```

4）应用一个滤波器来识别图像中的白色像素：

```
In[9]: image_copy = np.copy(image_gray)
# 任何不是白色的值
In[10]: image_copy[(image_copy[:, :] < 250)] = 0
```

5）处理完成后，可以按以下方式显示图像：

```
In[11]: plt.imshow(image_copy, cmap='gray')
In[12]: plt.show()
```

这将产生输出，如图 4.14 所示。

2. 使用 RGB 图像进行检测

在 RGB 图像中找到道路标线，步骤如下：

1）首先，按照以下方式导入 Matplotlib（Mpimg 和 Pyplot）、NumPy 和 OpenCV 库：

```
In[1]: import matplotlib.image as mpimg
In[2]: import matplotlib.pyplot as plt
```

```
In[3]: import numpy as np
In[4]: import cv2
```

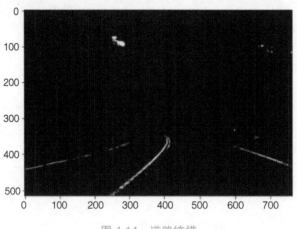

图 4.14　道路掩模

2）读取图像的代码如下：

```
In[5]: image_color = mpimg.imread('image.jpg')
```

读取的图像如图 4.15 所示。

图 4.15　示例图像

3）检查图像的尺寸，这里为 (280, 660, 3)：

```
In[6]: image_color.shape
```

Out[6]: (280, 660, 3)

4）接下来检测白色线条。可通过调整第 8 行代码中的数值来获得更清晰的图像。我们可以将通道 1 的值设置为小于 209，将通道 2 的值设置为小于 200，将通道 3 的值设置为小于 200。不同的图像需要不同的数值来获得更清晰的图像。相关代码如下：

```
In[7]: image_copy = np.copy(image_color)
# 任何不是白色的值
In[8]: image_copy[(image_copy[:,:,0] < 209) | (image_copy[:,:,1] < 200) | (image_copy[:,:,2] < 200)] = 0
```

5）以下代码显示处理后的图像：

```
In[9]: plt.imshow(image_copy, cmap='gray')
In[10]: plt.show()
```

这将产生输出，如图 4.16 所示。

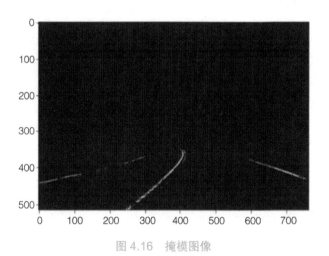

图 4.16　掩模图像

可以看到，图 4.16 比处理后的灰度图像更清晰。因为彩色图像比灰度图像包含更多的信息，所以以彩色图像似乎比灰度图像表现更好。在本书的后续章节中，将看到更多的图像转换技术。

颜色空间是描述图像中颜色范围的数学模型。在了解颜色选择技术的挑战后，我们将深入研究颜色空间模型。

计算机视觉和深度学习在自动驾驶汽车中的应用

3. 颜色选择技术的挑战

前面学习了如何从灰度图像和彩色图像中提取特定的颜色，并识别道路标线像素。但是在使用这些技术时可能会面临一些挑战。如果道路标线不是白色怎么办？在夜晚或天气不同的情况下如何识别？这些都是实现自动驾驶车辆时面临的挑战。

主要的挑战之一是颜色选择技术。这里需要开发一种在所有条件下都能工作的复杂算法，使其无论是在夜晚还是在下雪的情况下都能正常使用。然而，有一些方法可以克服这一挑战：

1）可以使用先进的计算机视觉技术从图像中提取更多特征，例如边缘检测技术。

2）可以使用 LIDAR 创建 SDCs 周围环境的高分辨率 3D 数字地图。在理想的天气条件下，LIDAR 每秒收集 280 万个激光点，用于创建 LIDAR 地图。这种信息详细程度在冬天或雨季会非常有帮助，因为在计算机视觉失效的情况下，汽车可以利用 LIDAR 数据预测周围的物体。

4.3　颜色空间技术

本节首先探索不同的颜色空间，这在自动驾驶汽车的图像分析中非常重要。本节将探讨以下问题：

- RGB 颜色空间。
- HSV 颜色空间。

RGB（红绿蓝）颜色空间根据红色、绿色和蓝色来描述颜色，而 HSV（色相饱和度值）颜色空间根据色相、饱和度、明度来描述颜色。

在进行图像分析时，HSV 颜色空间比 RGB 颜色空间更受青睐，因为它以一种更接近人类对颜色的感知方式来描述颜色，它考虑到饱和度和亮度，而不仅仅是基本颜色的组合。

4.3.1　RGB 颜色空间

我们将从最常见的 RGB 颜色空间开始学习。正如我们所知，RGB 由红色、绿色和蓝色组成，将它们混合在一起可以产生任何颜色。RGB 颜色空间如图 4.17 所示。

各种颜色的 RGB 颜色表如图 4.18 所示。

4.3.2　HSV 颜色空间

HSV 表示色相、饱和度、明度（或亮度）。HSV 颜色空间如图 4.19 所示。

名称	颜色值
黑色	(0,0,0)
白色	(255,255,255)
红色	(255,0,0)
草绿色	(0,255,0)
蓝色	(0,0,255)
黄色	(255,255,0)
青色/浅绿色	(0,255,255)
洋红色/品红色	(255,0,255)
银色	(192,192,192)
灰色	(128,128,128)
栗色	(128,0,0)
橄榄色	(128,128,0)
绿色	(0,128,0)
紫色	(128,0,128)
蓝绿色	(0,128,128)
藏青色	(0,0,128)

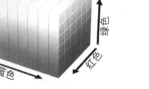

图 4.17　RGB 颜色空间

图 4.18　RGB 颜色表

在 HSV 中，颜色空间以圆柱形式存储信息，正如在前面的截图中所看到的那样。

HSV 的值如下：

1）色相：颜色值（0 ~ 360）。

2）饱和度：颜色的鲜艳程度（0 ~ 255）。

3）明度：亮度或强度（0 ~ 255）。

为什么要使用 HSV 颜色空间？ HSV 颜色模型比 RGB 颜色空间更受各种设计师的青睐，是因为 HSV 具有更好的色彩表现，这在选择颜色或墨水时非常有用。通过使用 HSV

图 4.19　HSV 颜色空间

模型的三个参数（色相、饱和度和明度），人们可以更容易地理解图像中的颜色。

如图 4.19 所示，可以根据色调、饱和度和明度来选择特定颜色。从图 4.19 中可以看出色相、饱和度和明度是如何在颜色空间中表示的。

1）色相：每种色相的颜色围绕中性色的中心轴以放射状切片放置，中心色的范围从底部的黑色到顶部的白色。色相指的是颜色空间的色彩部分，如图 4.19 所示。例如，红色的角度范围在 0° ~ 60° 之间，黄色的角度范围在 61° ~ 120° 之间。

2）饱和度：饱和度越高，颜色越鲜艳。因此，饱和度表示颜色中灰度的量，范围为 0 ~ 100%。

3）明度/亮度：色相和饱和度的组合描述了颜色的亮度。其范围为 0 ~ 100%。

> 在 OpenCV 中，色相范围为 0 ~ 180，饱和度范围为 0 ~ 255，亮度范围为 0 ~ 255。

4.3.3 颜色空间操作

本小节将学习如何使用 OpenCV 计算机视觉库，在图像中手动将 RGB 转换为 HSV，以及将 RGB 转换为灰度图。

图 4.20 所示为 RGB 转换为 HSV 的一些示例。

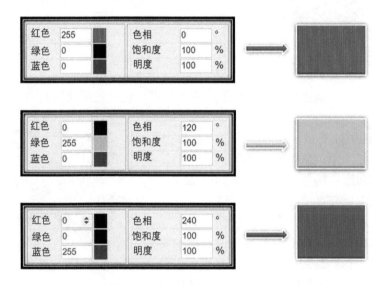

图 4.20　RGB 转换为 HSV 的示例

在图 4.20 中，可以看到 RGB 和 HSV 图像格式的值是如何变化的。例如，红色在 RGB 格式中表示为（255,0,0），而在 HSV 格式中表示为（0,100,100）。

接下来使用 Python 将 RGB 转换为 HSV，步骤如下：

1）需要使用 Matplotlib（Pyplot 和 Mpimg）、NumPy 和 openCV 库，可以按如下方式导入它们：

```
In[1]: import matplotlib.image as mpimg
In[2]: import matplotlib.pyplot as plt
```

```
In[3]: import numpy as np
In[4]: import cv2
```

2）使用 OpenCV 读取并显示图像：

```
In[5]: image = cv2.imread('Test_image.jpg')
```

3）输出并检查图像的尺寸。因为它是彩色图像，所以有三个通道：

```
In[6]: image.shape (629, 943, 3)
```

4）检查图像的高度和宽度。image.shape[0] 是图像的第一个元素，而 image.shape[1] 是图像的第二个元素，它们分别是图像的高度（Height）和宽度（Width）值：

```
In[7]: print ('Height = ', int(image.shape[0]), 'pixels')
In[8]: print ('Width = ', int(image.shape[1]), 'pixels')
```

图像的高度值和宽度值如下：

```
Height = 629 像素
Width = 943 像素
```

5）通常，OpenCV 使用 BGR，而不是 RGB。下面代码中的 waitKey() 函数允许在打开图像窗口时输入信息。如果将其留空，那么程序将等待按下任意键后再继续运行。显示输入图像的程序如下：

```
In[9]: cv2.imshow('Self Driving Car!', image)
In[10]: cv2.waitKey(0)
In[11]: cv2.destroyAllWindows()
```

输入图像的输出如图 4.21 所示。

图 4.21　输入图像的输出

6）现在使用 plt 命令绘制该图像，而不是使用 OpenCV 库。如果使用 plt 命令，则需要将 B 和 R 交换位置，即将 B 替换为 R，将 R 替换为 B：

```
In[12]: plt.imshow(image)
In[13]: image.shape
```

使用 Matplotlib 查看图像如图 4.22 所示。

图 4.22　使用 Matplotlib 查看图像

从图 4.22 可以看到，颜色发生了改变。这是因为 OpenCV 使用 BGR，而不是 RGB。这里使用了 OpenCV 导入图像，并尝试使用 Matplotlib 显示它。由于 Matplotlib 遵循 RGB，而不是 BGR，所以图像的颜色与原始图像不同。这就是为什么在使用 OpenCV 时不应混合使用不同的库的原因。

7）在这一步中，将把彩色图像转换为灰度图像，并检查灰度图像的尺寸。从以下程序中可以看出，使用了 cv2.COLOR_BGR2GRAY 进行转换：

```
In[14]: gray_img = cv2.cvtColor(image, cv2.COLOR_BGR2GRAY)
In[15]: cv2.imshow('Self Driving Car in Grayscale!', gray_img)
In[16]: cv2.waitKey()
In[17]: cv2.destroyAllWindows()
```

输出的灰度图像如图 4.23 所示。

灰度图像的尺寸如下。由于它只有一个通道，所以是一个二维矩阵：

```
In[18]: gray_img.shape
(629, 943)
```

8）现在将 RGB 图像转换为 HSV。RGB 转换为 HSV 的代码如下。可以看到，使用了 cv2.COLOR_BGR2HSV 将图像转换为 HSV：

In[19]: image = cv2.imread('Test_image.jpg')
In[20]: cv2.imshow('Self Driving Car!', image)
In[21]: hsv_image = cv2.cvtColor(image, cv2.COLOR_BGR2HSV)
In[22]: cv2.imshow('HSV Image', hsv_image)
In[23]: cv2.waitKey()
In[24]: cv2.destroyAllWindows()

图 4.23　灰度图像

从 RGB 到 HSV 转换的输出如图 4.24 所示。

图 4.24　从 RGB 到 HSV 转换的输出

9）现在，从色相通道开始分别查看每个通道。选择通道一，即在 hsv_image[:, :, 0] 中输入的通道值为 0，可以查看色相通道；类似地，选择通道二，即在 hsv_image[:,:,1] 中输入的通道值为 1，可以查看饱和度通道。

```
In[25]: plt.imshow(hsv_image[:, :, 0])
In[26]: plt.title('Hue channel')
```

色相通道的输出如图 4.25 所示。

图 4.25　色相通道的输出

10）将输入通道值设置为 1，查看饱和度通道的输出：

```
#饱和度通道
In[27]: plt.imshow(hsv_image[:, :, 1])
In[28]: plt.title('Saturation channel')
```

饱和度通道的输出如图 4.26 所示。

图 4.26　饱和度通道的输出

11）现在，通过将通道值设置为 2 来处理图像，查看明度通道的输出：

```
# 明度通道
In[29]: plt.imshow(hsv_image[:, :, 2])
In[30]: plt.title('Value channel')
```

明度通道的输出如图 4.27 所示。

图 4.27　明度通道的输出

12）接下来对 B、G、R 通道进行拆分和合并：

```
In[31]: image = cv2.imread('Test_image.jpg')
In[32]: B, G, R = cv2.split(image)
In[33]: B.shape
```

可以得到，蓝色通道的尺寸是 (629，943)。查看绿色通道图像的尺寸的代码如下：

```
In[34]: G.shape
```

可以得到，绿色通道的尺寸是 (629，943)。

13）现在了解一下蓝色通道，看看蓝色通道是什么样子：

```
In[35]: cv2.imshow("Blue Channel!", B)
In[36]: cv2.waitKey(0)
In[37]: cv2.destroyAllWindows()
```

只有蓝色通道的输出如图 4.28 所示，看起来有点奇怪，因为它是以灰度图像形式显示的。然而，这是正确的，因为现在的图像已经转换为一维通道图像，而一维通道图像始终是灰度的。

图 4.28　单通道蓝色通道的图像

14）因为无法以一通道形式看到蓝色通道，所以需要尝试从蓝色通道中创建自己的三通道图像。首先创建全为 0 值的通道，可以使用 NumPy 创建。然后添加一个蓝色通道和两个 0 值通道（cv2.merge([B, zeros, zeros])），代码如下：

```
In[38]: zeros = np.zeros(image.shape[:2], dtype = "uint8")
In[39]: cv2.imshow("Blue Channel!", cv2.merge([B, zeros, zeros]))
In[40]: cv2.waitKey(0)
In[41]: cv2.destroyAllWindows()
```

蓝色通道的输出如图 4.29 所示。

图 4.29　蓝色通道的输出

15）合并 RGB 通道以创建原始图像。因为已经知道了 B、G 和 R 的值，所以可以使用 cv2.merge() 函数来实现上述目的：

```
In[42]: image_merged = cv2.merge([B, G, R])
```

In[43]: cv2.imshow("Merged Image!", image_merged)
In[44]: cv2.waitKey(0)
In[45]: cv2.destroyAllWindows()

合并后的图像输出如图 4.30 所示。

图 4.30　合并后的图像输出

16）合并原始图像并添加更多的绿色：

In[46]: image_merged = cv2.merge([B, G+100, R])
In[47]: cv2.imshow("Merged Image with some added green!", image_merged)
In[48]: cv2.waitKey(0)
In[49]: cv2.destroyAllWindows()

添加更多绿色后的图像输出如图 4.31 所示。

图 4.31　添加更多绿色后的图像输出

本节学习了 RGB 和 HSV 颜色空间，并使用 Python 中的 OpenCV 处理了图像。这些技术在计算机视觉领域中非常有用，是图像预处理的重要步骤之一。

4.4 卷积介绍

卷积是用于扫描图像并利用卷积核作为滤波器以获取特定特征的技术。图像卷积核是一个矩阵，用于实现模糊和锐化等效果。在机器学习中，卷积核用于特征提取，即选择图像中最重要的像素。此外，它还保留像素之间的空间关系。

在图 4.32 可以看到，在应用卷积核之后，图像被转换为特征图。

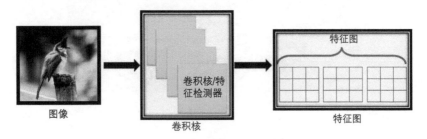

图 4.32 图像被转换为特征图

在图 4.33 中可以看到卷积的工作原理。这里以一个灰度图像为例，最左侧的部分是卷积核，最右侧的部分是最终图像。通常情况下，卷积核应用于整个图像，并扫描图像的特征。卷积可以用于生成新图像、缩小图像、模糊图像或锐化图像，这取决于使用的卷积核的值。

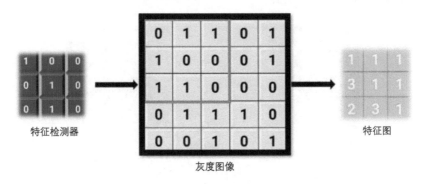

图 4.33 特征图 (1)

卷积核逐个移动，并从左上角开始依次应用于一个位置。图 4.33 中，卷积核的每个单元格乘以灰度图像中的每个单元格，将结果相加以得到绿色图像的第一个值。

例如，特征图的第一个值的获取方法如下：

$$\begin{bmatrix} 1 & 0 & 0 \\ 0 & 1 & 0 \\ 0 & 1 & 0 \end{bmatrix} \times \begin{bmatrix} 0 & 1 & 1 \\ 1 & 0 & 0 \\ 1 & 1 & 0 \end{bmatrix} = \begin{bmatrix} 1 \times 0 & 0 \times 1 & 0 \times 1 \\ 0 \times 1 & 1 \times 0 & 0 \times 0 \\ 0 \times 1 & 1 \times 1 & 0 \times 0 \end{bmatrix}$$

现在，将特征相加，结果为 1：

$$[1 \times 0 + 0 \times 1 + 0 \times 1 + 0 \times 1 + 1 \times 0 + 0 \times 0 + 0 \times 1 + 1 \times 1 + 0 \times 0] = 1$$

该值用黑框在最右侧部分的特征图中进行了标记，如图 4.34 所示。

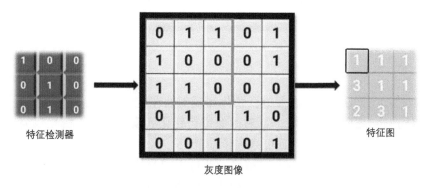

特征检测器　　　　　　　　　　　灰度图像　　　　　　　　特征图

图 4.34　特征图（2）

类似地，将卷积核从左到右移动，每次移动一个单元格，然后从上到下逐个移动，每次移动一个单元格，直到右下角的最后一个单元格。

特征图的第二个值（为 1）可以通过以下方式计算：

$$\begin{bmatrix} 1 & 0 & 0 \\ 0 & 1 & 0 \\ 0 & 1 & 0 \end{bmatrix} \times \begin{bmatrix} 1 & 1 & 0 \\ 0 & 0 & 0 \\ 1 & 0 & 0 \end{bmatrix} = \begin{bmatrix} 1 \times 1 & 0 \times 1 & 0 \times 0 \\ 0 \times 1 & 1 \times 0 & 0 \times 0 \\ 0 \times 1 & 1 \times 0 & 0 \times 0 \end{bmatrix}$$

图 4.35 显示了特征检测器和灰度图像矩阵相乘的结果，即中间部分的黑色框中的矩阵。将这些值相加，获得的特征图的对应值为 1，在最右侧部分的特征图中用黑色框标记。

矩阵内的各个值相加仍然为 1，如下所示：

$$[1 \times 1 + 0 \times 1 + 0 \times 0 + 0 \times 1 + 0 \times 1 + 0 \times 0 + 0 \times 1 + 1 \times 0 + 0 \times 0] = 1$$

因此，如果通过将 3×3 的卷积核应用于灰度图像的所有像素来计算新图像的像素，那么最终生成的特征图如下：

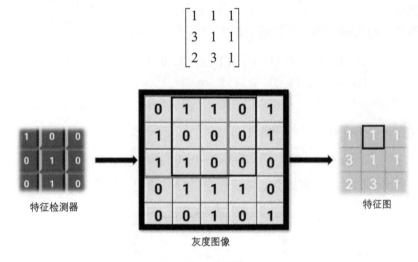

图 4.35　特征图（3）

接下来将学习如何对图像进行锐化和模糊处理。

使用不同类型的卷积核，可对图像进行锐化和模糊处理。锐化核突出相邻像素值的差异，通过增强对比度来强调细节。

这里将介绍图像锐化的不同示例，通过将中心值为 9 或 5、周围值为 −1 或 0 的卷积核应用到图像中，实现图像的锐化，如下列矩阵所示。锐化核是一种在任意点增强图像像素的方法。

锐化核类型 1：

$$\begin{bmatrix} 0 & -1 & 0 \\ -1 & 5 & -1 \\ 0 & -1 & 0 \end{bmatrix}$$

锐化核类型 2：

$$\begin{bmatrix} -1 & -1 & -1 \\ -1 & 9 & -1 \\ -1 & -1 & -1 \end{bmatrix}$$

接下来介绍模糊核。

模糊核通过对每个像素值及其相邻值进行平均来模糊图像。模糊核包括一个全为 1 的 $N \times N$ 矩阵，且必须进行归一化以实现模糊效果。矩阵中的值必须总和为 1，如果总和不等于 1，那么图像将变亮或变暗，模糊核操作结果如图 4.36 所示。

使用下面的矩阵将整个图像乘以 1，然后将所得各值相加，并除以 9。这个矩阵也被称为模糊核：

$$1/9\begin{bmatrix} 1 & 1 & 1 \\ 1 & 1 & 1 \\ 1 & 1 & 1 \end{bmatrix}$$

不同操作的卷积核和结果图像如图 4.36 所示。

操作	卷积核	结果图像
锐化	$\begin{bmatrix} 0 & -1 & 0 \\ -1 & 5 & -1 \\ 0 & -1 & 0 \end{bmatrix}$	
方块模糊 (正则化值)	$1/9\begin{bmatrix} 1 & 1 & 1 \\ 1 & 1 & 1 \\ 1 & 1 & 1 \end{bmatrix}$	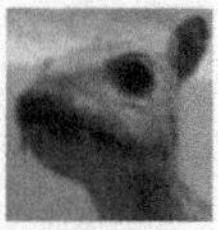
高斯模糊3×3 (估计值)	$1/16\begin{bmatrix} 1 & 2 & 1 \\ 2 & 4 & 2 \\ 1 & 2 & 1 \end{bmatrix}$	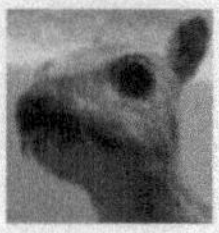

图 4.36　不同操作的卷积核和结果图像

> **TIP**　卷积核不一定必须是方阵，卷积核的元素也不一定需要预先确定。通常，可以使用任意维度的矩阵作为卷积核。滤波器矩阵的选择还取决于要对其进行卷积操作以提取特征的图像类型。

接下来将使用 Python 的 OpenCV 库来实现卷积操作，步骤如下：

1）首先，我们使用以下代码块导入 Matplotlib（Mpimg 和 Pyplot）、NumPy 和 OpenCV 库：

```
In[1]: import matplotlib.image as mpimg
In[2]: import matplotlib.pyplot as plt
In[3]: import numpy as np
In[4]: import cv2
```

2）接下来，导入并打开图像：

```
In[5]: import cv2
In[6]: image = cv2.imread('Test_image.jpg')
In[7]: cv2.imshow('My Image', image)
In[8]: cv2.waitKey()
In[9]: cv2.destroyAllWindows()
```

导入的图像如图 4.37 所示。

图 4.37　导入的图像

3）以下代码将图像转换为灰度图像：

```
In[10]: gray_img = cv2.cvtColor(image, cv2.COLOR_BGR2GRAY)
In[11]: cv2.imshow('Self Driving Car in Gray!', gray_img)
In[12]: cv2.waitKey()
In[13]: cv2.destroyAllWindows()
```

灰度图像如图 4.38 所示。

图 4.38　灰度图像

4）现在将锐化核应用到图像。这里将应用两种类型的锐化核，从锐化核类型 1 开始：

In[14]: Sharp_Kernel_1 = np.array([[0,−1,0], [−1,5,−1], [0,−1,0]])
In[15]: Sharpened_Image_1 = cv2.filter2D(gray_img, −1, Sharp_Kernel_1)
In[16]: cv2.imshow('Sharpened Image', Sharpened_Image_1)
In[17]: cv2.waitKey(0)
In[18]: cv2.destroyAllWindows()

图 4.39 是锐化后的图像。

图 4.39　使用锐化核类型 1 的结果

5）接下来，使用锐化核类型 2 处理图像：

In[19]: Sharp_Kernel_2 = np.array([[−1,−1,−1], [−1,9,−1], [−1,−1,−1]])
In[20]: Sharpened_Image_2 = cv2.filter2D(gray_img, −1, Sharp_Kernel_2)
In[21]: cv2.imshow('Sharpened Image_2', Sharpened_Image_2)
In[22]: cv2.waitKey(0)
In[23]: cv2.destroyAllWindows()

输出图像比上一个输出的锐化程度更高，如图 4.40 所示。

6）接下来介绍模糊核：

Blurring Kernel
In[24]: Blurr_Kernel = np.ones((3, 3))
In[25]: Blurr_Kernel

图 4.40　使用锐化核类型 2 的结果

输出的模糊核如下：

```
array([[1., 1., 1.],
       [1., 1., 1.],
       [1., 1., 1.]])
```

7）利用以下代码，检查使用模糊核生成的模糊图像：

```
In[26]: Blurred_Image = cv2.filter2D(gray_img, −1, Blurr_Kernel)
In[27]: cv2.imshow('Blurred Image', Blurred_Image)

In[28]: cv2.waitKey(0)
In[29]: cv2.destroyAllWindows()
```

输出图像如图 4.41 所示。

图 4.41　使用模糊卷积核的结果

8）接下来，对卷积核进行归一化并检查图像：

```
# Blurring Kernel normalized
```

```
In[30]: Blurr_Kernel = np.ones((3,3)) * 1/9
In[31]: Blurr_Kernel
In[32]: Blurred_Image = cv2.filter2D(gray_img, −1, Blurr_Kernel)
In[33]: cv2.imshow('Blurred Image', Blurred_Image)
In[34]: cv2.waitKey(0)
In[35]: cv2.destroyAllWindows()
```

输出结果如图 4.42 所示。

图 4.42　模糊核归一化的结果

9）现在，尝试使用更大尺寸的卷积核进行模糊处理：

```
In[36]: Blurr_Kernel = np.ones((8,8))
In[37]: Blurr_Kernel
```

输出的模糊核如下：

```
array([[1., 1., 1., 1., 1., 1., 1., 1.],
       [1., 1., 1., 1., 1., 1., 1., 1.],
       [1., 1., 1., 1., 1., 1., 1., 1.],
       [1., 1., 1., 1., 1., 1., 1., 1.],
       [1., 1., 1., 1., 1., 1., 1., 1.],
       [1., 1., 1., 1., 1., 1., 1., 1.],
       [1., 1., 1., 1., 1., 1., 1., 1.],
       [1., 1., 1., 1., 1., 1., 1., 1.]])
```

10）现在，检查模糊核的输出：

```
In[38]: Blurr_Kernel = np.ones((8,8)) * 1/64
In[39]: Blurr_Kernel
```

输出如下：

```
array([[0.015625, 0.015625, 0.015625, 0.015625, 0.015625, 0.015625,
        0.015625, 0.015625],
       [0.015625, 0.015625, 0.015625, 0.015625, 0.015625, 0.015625,
        0.015625, 0.015625],
       [0.015625, 0.015625, 0.015625, 0.015625, 0.015625, 0.015625,
        0.015625, 0.015625],
       [0.015625, 0.015625, 0.015625, 0.015625, 0.015625, 0.015625,
        0.015625, 0.015625],
       [0.015625, 0.015625, 0.015625, 0.015625, 0.015625, 0.015625,
        0.015625, 0.015625],
       [0.015625, 0.015625, 0.015625, 0.015625, 0.015625, 0.015625,
        0.015625, 0.015625],
       [0.015625, 0.015625, 0.015625, 0.015625, 0.015625, 0.015625,
        0.015625, 0.015625],
       [0.015625, 0.015625, 0.015625, 0.015625, 0.015625, 0.015625,
        0.015625, 0.015625]])
```

11）现在查看经过模糊核处理后的图像：

```
In[40]: Blurred_Image = cv2.filter2D(gray_img, -1, Blurr_Kernel)
In[41]: cv2.imshow('Blurred Image', Blurred_Image)
In[42]: cv2.waitKey(0)
In[43]: cv2.destroyAllWindows()
```

模糊图像如图 4.43 所示。

图 4.43　模糊图像

这一部分介绍了卷积的一些示例。

4.5　边缘检测和梯度计算

边缘检测是计算机视觉中非常重要的特征提取技术之一，它在自动驾驶汽车中的应用超越了在上一节中讨论的卷积。上节介绍了如何提取图像的边缘。将彩色图像转换为灰度图像或 HSV 图像，并对图像进行卷积以从中提取特征。本节将介绍边缘检测和梯度计算的相关知识。

边缘检测是一种计算机视觉特征提取工具，用于检测图像中的急剧变化。

假设有三个像素，第一个像素是白色的，表示为 255；下一个像素是 0，代表黑色；第三个像素也是 255。这意味着历经了从白色到黑色，再回到白色的颜色改变。边缘检测发生在像素从 255 变为 0 和从 0 变为 255 时，如图 4.44 所示。

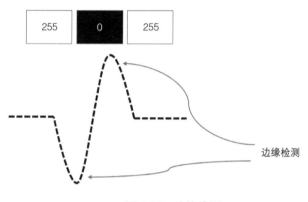

图 4.44　边缘检测

这一过程也被称为一阶微分。边缘检测的过程如下：
我们将取一张图像，并在特定方向上应用卷积或梯度运算。

4.5.1　Sobel 的介绍

基于一阶导数的梯度方法被称为 Sobel 边缘检测器。Sobel 边缘检测器分别计算图像在 x 轴和 y 轴上的一阶导数。Sobel 使用两个 3×3 的卷积核对原始图像进行卷积操作来计算导数。对于图像 A，G_x 和 G_y 为两幅图像，分别表示水平和垂直导数的近似值：

$$G_x = \begin{bmatrix} -1 & 0 & +1 \\ -2 & 0 & +2 \\ -1 & 0 & +1 \end{bmatrix} * A, \quad G_y = \begin{bmatrix} -1 & -2 & -1 \\ 0 & 0 & 0 \\ +1 & +2 & +1 \end{bmatrix} * A$$

 符号 * 表示 2D 信号处理的卷积操作。

Sobel 卷积核可以一步到位进行图像的平滑操作和梯度计算，因为它可以分解为平均和微分卷积核的乘积。

Sobel 通过平滑操作计算梯度。例如，* 可以表示为如下形式：

$$G_x = \begin{bmatrix} 1 \\ 2 \\ 1 \end{bmatrix} * ([-1 \ \ 0 \ \ +1] * A), \ \ G_y = \begin{bmatrix} -1 \\ 0 \\ +1 \end{bmatrix} * ([1 \ \ 2 \ \ 1] * A)$$

这里，x 坐标向右显示为增加，y 坐标向下显示为增加。

使用以下公式，图像中每个点的梯度近似值可以合并，从而得到梯度幅值：

$$G = \sqrt{G_x^2 + G_y^2}$$

利用上述信息，还可以计算出梯度的方向：

$$\Theta = \mathrm{a\,tan}\left(\frac{G_y}{G_x}\right)$$

例如，垂直边缘的梯度方向（Θ）为 0，其中，梯度在向右的方向上较小。

4.5.2　Laplacian 边缘检测器的介绍

Laplacian 边缘检测器只使用一个核，在单次运算中计算二阶导数并检测零交叉。一般来说，二阶导数对噪声极为敏感。

Laplacian 边缘检测器的核，如图 4.45 所示。

图 4.46 所示是基于梯度和基于 Laplacian 的边缘检测的示例，可以看到，基于梯度的边缘检测计算一阶导数，而基于 Laplacian 的边缘检测计算二阶导数。

Laplacian检测算子

图 4.45　Laplacian 边缘检测器的核

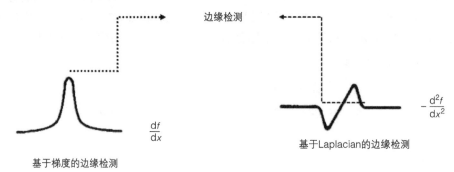

图 4.46　基于梯度与基于 Laplacian 的边缘检测的示例

本书的目标是向读者介绍不同的边缘检测概念。

4.5.3 Canny 边缘检测

Canny 边缘检测是一种常用的边缘检测算法，能够检测到各种类型的边缘。Canny 边缘检测算法由 John F.Canny 于 1986 年提出。由于其应用领域众多，Canny 边缘检测在计算机视觉领域得到了广泛应用。

Canny 边缘检测过程有以下几个标准：

1）对图像边缘能进行高精度检测。

2）一张图像只能有一个标记，不应有任何重复的标记。

3）正确地将检测到的边缘定位在图像上，细小的边缘也应被检测。

Canny 边缘检测算法的应用步骤如下：

1）首先使用高斯滤波器对图像进行平滑处理，以去除噪声。

2）然后计算图像的强度梯度。

3）接着应用非极大值抑制，以去除任何虚假的边缘检测响应。

4）之后在图像上应用双阈值，以保证边缘检测的准确度。

5）最后利用滞后进行边缘跟踪。通过抑制所有的弱边缘和保留强边缘，实现边缘检测。

接下来的步骤中，将使用OpenCV库实现Sobel、Laplacian和Canny边缘检测：

1）导入 Matplotlib（Mpimg 和 Pyplot）、NumPy 和 OpenCV 库：

```
In[1]: import matplotlib.image as mpimg
In[2]: import matplotlib.pyplot as plt
In[3]: import numpy as np
In[4]: import cv2
```

2）接下来，使用 OpenCV 读取和显示图像：

```
In[5]: import cv2
In[6]: image = cv2.imread('Test_image.jpg')
In[7]: cv2.imshow('My Test Image', image)
In[8]: cv2.waitKey()
In[9]: cv2.destroyAllWindows()
```

导入的图像如图 4.47 所示。

3）然后，使用 OpenCV 将图像转换为灰度图像：

```
In[10]: gray_img = cv2.cvtColor(image, cv2.COLOR_BGR2GRAY)
```

In[11]: cv2.imshow('Self Driving Car in Gray!', gray_img)
In[12]: cv2.waitKey()
In[13]: cv2.destroyAllWindows()

图 4.47　导入的图像

灰度图像如图 4.48 所示。

图 4.48　灰度图像

4）接下来对前面的图像进行 Sobel X(G_x) 计算：

In[14]: x_sobel = cv2.Sobel(gray_img, cv2.CV_64F, 0, 1, ksize = 7)
In[15]: cv2.imshow('Sobel - X direction', x_sobel)
In[16]: cv2.waitKey()
In[17]: cv2.destroyAllWindows()

Sobel X(G_x) 输出如图 4.49 所示。

图 4.49　Sobel X(G_x) 输出

5）现在使用 OpenCV 库计算 Sobel Y(G_y)：

```
In[18]: y_sobel = cv2.Sobel(gray_img, cv2.CV_64F, 1, 0, ksize = 7)
In[19]: cv2.imshow('Sobel - Y direction', y_sobel)
In[20]: cv2.waitKey()
In[21]: cv2.destroyAllWindows()
```

Sobel Y(G_y) 输出如图 4.50 所示。

图 4.50　Sobel Y(G_y) 输出

6）使用 OpenCV 计算 Laplacian 边缘：

```
In[22]: laplacian = cv2.Laplacian(gray_img, cv2.CV_64F)
In[23]: cv2.imshow('Laplacian', laplacian)
In[24]: cv2.waitKey()
In[25]: cv2.destroyAllWindows()
```

Laplacian 边缘检测结果如图 4.51 所示。

图 4.51　Laplacian 边缘检测结果

7）现在开始计算 Canny 边缘检测。threshold_1 是滞后过程的第一个阈值，threshold_2 是滞后过程的第二个阈值：

```
In[26]: threshold_1 = 120
In[27]: threshold_2 = 200
In[28]: canny = cv2.Canny(gray_img, threshold_1, threshold_2)
In[29]: cv2.imshow('Canny', canny)
In[30]: cv2.waitKey()
In[31]: cv2.destroyAllWindows()
```

Canny 边缘检测结果如图 4.52 所示。

Canny 边缘检测是边缘检测的最佳方法，在计算机视觉中有着广泛的应用。第 5 章将介绍 Canny 边缘检测的应用示例。

图 4.52　Canny 边缘检测结果

4.6　图像变换

　　本节将学习不同的图像变换技术，例如旋转、平移、调整大小和选择感兴趣区域等。图像变换可以用于校正失真图像或改变图像的视角。在自动驾驶汽车中，图像变换有很多应用场景。汽车上安装的不同的摄像头，大多数情况下需要进行图像变换。有时，通过变换图像，可以让汽车集中关注感兴趣的区域。

　　图像变换有两种类型：

- 仿射变换。
- 投影变换。

4.6.1　仿射变换

　　保留点、直线和平面的线性映射方法被称为仿射变换。仿射变换后，平行线仍然保持平行。一般来说，仿射变换技术用于校正由非理想摄像头角度引起的几何失真。

　　仿射变换的一个示例如图 4.53 所示。这里将仿射变换应用于一个矩形，导致它发生错切偏移，即一组点移动的距离与它们的边长成正比。

　　从图 4.53 可以看到，应用仿射变换后矩形的四个点如何发生了变化。

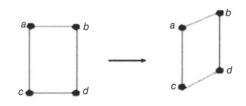

图 4.53　对矩形应用仿射变换

4.6.2　投影变换

将线映射到线的变换称为投影变换。在这种变换中，平行线可能由以某个角度相交的线形成。例如，在图 4.54 的左侧，*a* 和 *d* 及 *d* 和 *c* 之间的线不是平行线，可能在某一点相交。与此同时，*a* 和 *d* 和 *b* 和 *c* 之间的线是平行线，永远不会相交。在应用投影变换后，任意两条边都不是平行线。

4.6.3　图像旋转

本小节将学习如何使用 OpenCV 和旋转矩阵 *M* 执行旋转操作。旋转矩阵是一种用于在欧

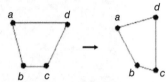

图 4.54　应用投影变换

几里德空间中执行旋转操作的矩阵，它以逆时针方向绕原点将 *xy* 平面上的点旋转 *θ* 角度。

现在，使用 OpenCV 实现图像旋转：

1）首先导入 Matplotlib（Mpimg 和 Pyplot）、NumPy 和 OpenCV 库：

```
In[1]: import cv2
In[2]: import numpy as np
In[3]: import matplotlib.image as mpimg
In[4]: from matplotlib import pyplot as plt
In[5]: %matplotlib inline
```

2）接下来读取输入图像：

```
In[6]: image = cv2.imread('test_image.jpg')
In[7]: cv2.imshow('Original Image', image)
In[8]: cv2.waitKey()
In[9]: cv2.destroyAllWindows()
```

输入图像如图 4.55 所示。

3）图像的高度和宽度如下：

```
In[10]: height, width = image.shape[:2]
In[11]: height
579
In[12]: width
530
```

4）最后使用 OpenCV 进行旋转操作：

```
In[13]: M_rotation = cv2.getRotationMatrix2D((width/2, height/2), 90, 0.5) # 绕中心旋转
```

In[14]: rotated_image = cv2.warpAffine(image, M_rotation, (width, height)) # 设置图像输出的尺寸

In[15]: cv2.imshow('Rotated', rotated_image)

In[16]: cv2.waitKey()

In[17]: cv2.destroyAllWindows()

图 4.55　输入图像

输出图像如图 4.56 所示。

图 4.56　输出图像

4.6.4　图像平移

该小节介绍图像平移。图像平移包括使对象沿 x 或 y 轴方向移动。OpenCV 使用下列的平移矩阵 T：

$$T = \begin{bmatrix} 0 & 1 & T_x \\ 1 & 0 & T_y \end{bmatrix}$$

现在，执行图像平移操作：

1）首先导入 Matplotlib（Mpimg 和 Pyplot）、NumPy 和 OpenCV 库：

```
In[1]: import cv2
In[2]: import numpy as np
In[3]: import matplotlib.image as mpimg
In[4]: from matplotlib import pyplot as plt
In[5]: %matplotlib inline
```

2）然后读取输入图像：

```
In[6]: image = cv2.imread('test_image.jpg')
In[7]: cv2.imshow('Original Image', image)
In[8]: cv2.waitKey()
In[9]: cv2.destroyAllWindows()
```

输入图像如图 4.57 所示。

图 4.57　输入图像

3）图像的高度和宽度如下：

```
In[10]: height, width = image.shape[:2]
In[11]: height
579
In[12]: width
530
```

平移矩阵定义如下：

```
In[13]: Translational_Matrix = np.float32([[1, 0, 120], [0, 1, −150]])
```

4）使用 OpenCV 执行平移操作：

```
In[14]: translated_image = cv2.warpAffine(image, Translational_Matrix, (width, height))
In[15]: cv2.imshow('Translated Image', translated_image)
In[16]: cv2.waitKey()
In[17]: cv2.destroyAllWindows()
```

平移后的输出图像如图 4.58 所示。

图 4.58　输出图像

4.6.5　图像缩放

本小节介绍图像调整缩放。使用 OpenCV 中的 cv2.resize() 函数可以实现图像缩放。首选的插值方法如下，cv.INTER_AREA 用于缩小操作，cv.INTER_CUBIC 用于放大操作。默认情况下，所有缩放操作使用的插值方法都是cv.INTER_LINEAR。

1）首先导入 NumPy、OpenCV 和 Matplotlib（Mpimg 和 Pyplot）库：

```
In[1]: import cv2
In[2]: import numpy as np
In[3]: import matplotlib.image as mpimg
In[4]: from matplotlib import pyplot as plt
In[5]: %matplotlib inline
```

2）然后读取输入图像：

```
In[6]: image = cv2.imread('test_image.jpg')
In[7]: cv2.imshow('Original Image', image)
In[8]: cv2.waitKey()
In[9]: cv2.destroyAllWindows()
```

输入图像如图 4.59 所示。

图 4.59　输入图像

3）图像的高度和宽度如下：

```
In[10]: height, width = image.shape[:2]
In[11]: height
579
In[12]: width
530
```

4）最后使用 OpenCV 调节图像的大小：

```
In[13]: resized_image = cv2.resize(image, None, fx=0.5, fy=0.5,
interpolation = cv2.INTER_CUBIC) # Try 0.5
In[14]: cv2.imshow('Resized Image', resized_image)
In[15]: cv2.waitKey()
In[16]: cv2.destroyAllWindows()
```

缩放后的图像如图 4.60 所示。

图 4.60　缩放后的图像

4.6.6　透视变换

透视变换是对自动驾驶汽车进行程序设计的一个重要方面。透视变换比仿射变换更为复杂。在透视变换中，我们使用一个 3×3 的变换矩阵将图像从 3D 世界的图像变换为 2D 图像。

图 4.61 所示为一个透视变换的例子。在图 4.61 中可以看到一个倾斜的棋盘图，一旦应用透视变换，棋盘图就被转换为一个具有俯视视角的正常棋盘图。透视变换在自动驾驶汽车领域有很多应用，因为道路上有很多需要进行透视变换处理的目标。

现在，使用 OpenCV 库来实现道路标志的透视变换。

1）首先导入 Matplotlib（Mpimg 和 Pyplot）、NumPy 和 OpenCV 库：

```
In[1]: import cv2
```

```
In[2]: import numpy as np
In[3]: import matplotlib.image as mpimg
In[4]: from matplotlib import pyplot as plt
In[5]: %matplotlib inline
```

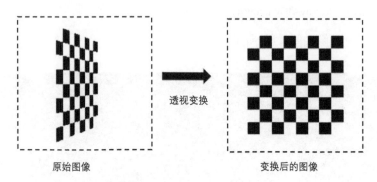

透视变换

原始图像　　　　　　　　　　　变换后的图像

图 4.61　对棋盘图进行透视变换

2）然后使用 OpenCV 读取输入图像：

```
In[6]: image = cv2.imread('Speed_Sign_View_2.jpg')
In[7]: cv2.imshow('Original Image', image)
In[8]: cv2.waitKey()
In[9]: cv2.destroyAllWindows()
```

使用 OpenCV 读取的图像如图 4.62 所示。

图 4.62　使用 OpenCV 读取的图像

使用 Matplotlib 读取的图像如图 4.63 所示。

图 4.63　使用 Matplotlib 读取的图像

3）图像的高度和宽度如下：

In[10]: height, width = image.shape[:2]
In[11]: height
426
In[12]: width
640

4）如果想要选择图像的特定部分，则必须选择原始图像中四个角的坐标点作为选择点。

- 第一个点：图像的左上角，在图 4.64 中用［420，70］表示。
- 第二个点：图像的右上角，在图 4.64 中用［580，50］表示。
- 第三个点：图像的右下角，在图 4.64 中用［590，210］表示。
- 第四个点：图像的左下角，在图 4.64 中用［430，220］表示。

可以在图 4.64 中看到这些点。

图 4.64　标有坐标点的图像

现在，输入选择点的坐标值：

In[13]: Source_points = np.float32([[420,70], [580, 50], [590,210], [430, 220]])

在期望的输出图像中，这四个角点的坐标如下：

In[14]: Destination_points = np.float32([[0,0], [width,0], [width,height], [0,height]])

5）使用上述分别由四个点组成的两组值，计算透视变换矩阵 M ：

In[15]: M = cv2.getPerspectiveTransform(Source_points, Destination_points)
In[16]: warped = cv2.warpPerspective(image, M, (width, height))
In[17]: cv2.imshow('warped Image', warped)
In[18]: cv2.waitKey()
In[19]: cv2.destroyAllWindows()

输出的图像如图 4.65 所示。可以看出，透视变换在图像预处理领域，特别是在自动驾驶汽车中有着重要的作用。

图 4.65　输出图像

4.6.7　图像裁剪、腐蚀和膨胀

图像裁剪是一种图像变换技术。本小节将使用 OpenCV 对图像进行裁剪。
1）首先导入 Matplotlib（Mpimg 和 Pyplot）、NumPy 和 OpenCV 库：

In[1]: import cv2
In[2]: import numpy as np

In[3]: import matplotlib.image as mpimg
In[4]: from matplotlib import pyplot as plt
In[5]: %matplotlib inline

2）接下来使用 OpenCV 读取输入图像：

In[6]: image = cv2.imread('Test_auto_image.jpg')
In[7]: cv2.imshow('Original Image', image)
In[8]: cv2.waitKey()
In[9]: cv2.destroyAllWindows()

使用 OpenCV 读取的图像如图 4.66 所示。

图 4.66　使用 OpenCV 读取的图像

图像的高度和宽度如下：

In[10]: height, width = image.shape[:2]
In[11]: height
800
In[12]: width
1200

3）使用以下代码进行裁剪。所需裁剪区域的左上角坐标为 w0 和 h0：

In[13]: w0 = int(width * 0.5)
In[14]: h0 = int(height * 0.5)

4）所需裁剪区域的右下角坐标为 w1 和 h1：

In[15]: h1 = int(height * 1)
In[16]: w1 = int(width * 1)

5）接下来使用 OpenCV 对图像进行裁剪：

In[17]: Image_cropped = image[h0:h1 , w0:w1]
In[18]: cv2.imshow("Cropped Image", Image_cropped)
In[19]: cv2.waitKey()
In[20]: cv2.destroyAllWindows()

裁剪后的图像如图 4.67 所示。

图 4.67　裁剪后的图像

现在，开始学习图像腐蚀和膨胀。

腐蚀是指在图像中的目标边界处移除像素，而膨胀是指在图像中的目标边界处添加额外的像素。使用 OpenCV 进行腐蚀和膨胀的一个示例如下：

1）首先导入 Matplotlib（Mpimg 和 Pyplot）、NumPy 和 OpenCV 库：

In[1]: import cv2
In[2]: import numpy as np
In[3]: import matplotlib.image as mpimg
In[4]: from matplotlib import pyplot as plt
In[5]: %matplotlib inline

2）然后读取输入图像：

```
In[6]: image = cv2.imread('Speed_Sign_View_2.jpg')
In[7]: cv2.imshow('Original Image', image)
In[8]: cv2.waitKey()
In[9]: cv2.destroyAllWindows()
```

读取的输入图像如图 4.68 所示。

图 4.68 读取的输入图像

3）在下一步中，使用 OpenCV 对图像进行腐蚀和膨胀处理：

```
In[10]: kernel = np.ones((3,3), np.uint8)
In[11]: image_erosion = cv2.erode(image, kernel, iterations=3)
In[12]: image_dilation = cv2.dilate(image, kernel, iterations=3)
```

查看进行腐蚀和膨胀处理后的图像：

```
In[13]: cv2.imshow('Input', image)
In[14]: cv2.imshow('Erosion', image_erosion)
In[15]: cv2.imshow('Dilation', image_dilation)
In[16]: cv2.waitKey()
In[17]: cv2.destroyAllWindows()
```

腐蚀后的图像如图 4.69 所示。

图 4.69　腐蚀后的图像

膨胀后的图像如图 4.70 所示。

图 4.70　膨胀后的图像

4.6.8　使用掩模提取感兴趣区域

使用掩模提取感兴趣区域的主要目的是对图像进行颜色过滤，以执行不同的操作。例如，当自动驾驶汽车在道路上行驶时，车辆的感兴趣区域是车道线，因为它必须确保在道路上行驶。在下面的步骤中，将看到一个确定感兴趣区域的示例，应用场景为确定道路上的车道线。

1）首先导入 Matplotlib（Mpimg 和 Pyplot）、NumPy 和 OpenCV 库：

```
In[1]: import cv2
In[2]: import numpy as np
In[3]: import matplotlib.image as mpimg
In[4]: from matplotlib import pyplot as plt
In[5]: %matplotlib inline
```

2）然后读取输入图像：

```
In[6]: image_color = cv2.imread('lanes.jpg')
In[7]: cv2.imshow('Original Image', image_color)
In[8]: cv2.waitKey()
In[9]: cv2.destroyAllWindows()
```

读取的输入图像如图 4.71 所示。

图 4.71　读取的输入图像

图像的高度和宽度如下：

```
In[10]: height, width = image_color.shape[:2]
In[11]: height
```

```
426
In[12]: width
640
```

3）现在，使用 OpenCV 将图像转换为灰度图像：

```
In[13]: image_gray = cv2.cvtColor(image_color, cv2.COLOR_BGR2GRAY)
In[14]: plt.imshow(image_gray, cmap = 'gray')
```

灰度图像如图 4.72 所示。

图 4.72　灰度图像

现在，对感兴趣区域进行掩模处理。

1）首先选择感兴趣区域（ROI）的点：

```
In[15]: ROI = np.array([[(0, 400),(300, 250), (450, 300), (700, height)]], dtype=np.int32)
```

2）然后创建一个全零（黑色）的空白图像：

```
In[16]: blank = np.zeros_like(image_gray)
In[17]: blank.shape (519,939)
```

3）接着将感兴趣区域填充为白色（255）：

```
In[18]: mask = cv2.fillPoly(blank, ROI, 255)
```

4）最后执行 bitwise AND 操作，仅选择感兴趣区域：

```
In[19]: masked_image = cv2.bitwise_and(image_gray, mask)
In[20]: plt.imshow(masked_image, cmap = 'gray')
```

图 4.73 所示是感兴趣区域的掩模处理结果，车道线下的道路是感兴趣区域。

图 4.73 掩模处理后的图像

4.6.9 霍夫（Hough）变换

霍夫变换是计算机视觉中最重要的主题之一，用于特征提取和图像分析。霍夫变换是由 Richard Duda 和 Peter Hart 于 1972 年发明的，最初被称为广义霍夫变换。通常情况下，该技术通过投票程序来找到某个类别对象的不完美示例。

霍夫变换与感兴趣区域的掩模处理可以一起使用。第 5 章中将介绍一个例子，其联合使用霍夫变换和感兴趣区域的掩模处理来检测道路标志。

如图 4.74 所示，将通过绘制直线内 x 和 y 的 2D 空间坐标来更详细地了解霍夫变换。

已知一条直线的方程为 $y = mx + c$。直线有两个参数：m 和 c。该直线目前绘制为 x 和 y 的函数，然而，直线也可以在参数空间中表示，这个空间称为霍夫空间。

这种情况下，将以 c 与 m 的关系进行绘图，如图 4.74 所示。

现在，想象一下，如果不是一条线，而是一个位于坐标 (12,2) 处的单个点。通过该点有许多不同的直线，每条线都有不同的 m 和 c 值。在图 4.75 中，可以看到 x 和 y 空间中的单个点如何在霍夫空间中表示为一条线。

这种通过一系列点识别可能线条的能力是我们如何在图像的梯度中找到线条的方法。

还有一个小问题。如果尝试计算垂直线的斜率，就会发现 x 的变化量为 0，最终得到的梯度总是无穷大的，这在霍夫空间中无法表示。无论如何，无穷大也不是我们真正能够处理的情况，如图 4.76 所示。

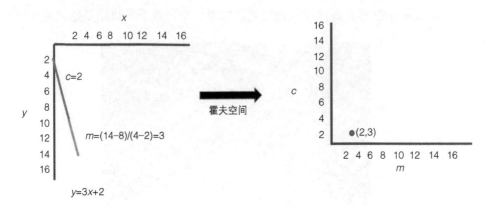

图 4.74　霍夫空间（1）

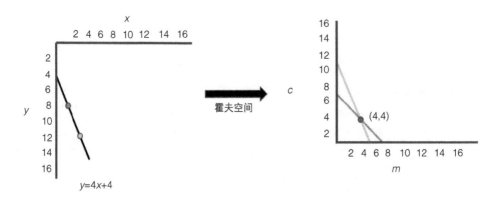

图 4.75　霍夫空间（2）

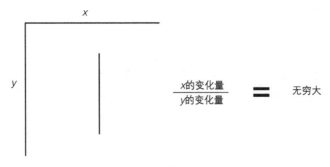

图 4.76　霍夫空间（3）

因此，我们需要一种更鲁棒的线条表示方法，以避免遇到任何数值问题，因为显然在 $y = mx + c$ 的表达形式中，c 无法表示垂直线。也就是说，可以不用

笛卡儿坐标参数 m 和 c 表示直线，而是转换为使用极坐标系 rho 和 theta 表示，从而使得直线方程可被写作 rho = $x$cos(θ) + $y$sin(θ)。如图 4.77 所示。

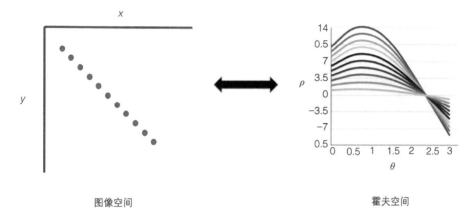

图像空间　　　　　　　　　　　　　　霍夫空间

图 4.77　图像空间对比霍夫空间

使用极坐标，可以轻松地表示无法使用笛卡儿形式表示的线条。极坐标形式的公式如下：

$$x\cos(\theta) + y\sin(\theta) = \rho$$

该方程包含以下两个元素：
- ρ 为从原点到直线的垂直距离。
- θ 为由垂直线条在水平轴上所成的角度。

图 4.78 是极坐标形式。

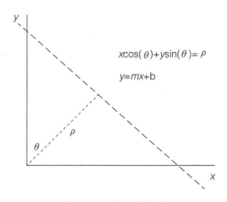

图 4.78　极坐标形式

图 4.79 所示为一个使用霍夫空间表达图像空间的示例。

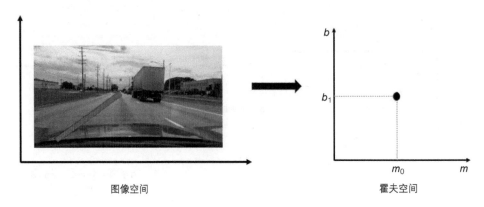

图 4.79　使用霍夫空间表达图像空间的示例

在图像空间中，一条直线可绘制为 x 与 y 的表达式，方程为 $y = mx + b$ 或 $x\cos(\theta) + y\sin(\theta) = \rho$。以图 4.79 中可以看到，在参数空间（霍夫空间）中一条线由 m 和 b 确定的一个点表示。每条线都能表示为具有 (m, b) 坐标或 (ρ, θ) 参数的单个点。

 读者可以参考 https://en.wikipedia.org/wiki/Hough_transform，以便了解更多关于霍夫变换的知识。

霍夫变换的 Python 实现程序如下：
1）导入 Matplotlib、NumPy 和 OpenCV 库：

```
In[1]: import cv2
In[2]: import numpy as np
In[3]: import matplotlib.pyplot as plt
```

2）读取输入图像：

```
In[4]: image_c = cv2.imread('calendar.jpg')
In[5]: cv2.imshow('Given Image', image_c)
In[6]: cv2.waitKey(0)
In[7]: cv2.destroyAllWindows()
```

3）使用 Matplotlib 显示图像：

```
In[8]: plt.imshow(image_c)
```

输出结果如图 4.80 所示。

Sun	Mon	Tue	Wed	Thu	Fri	Sat

图 4.80   输出结果

4）使用 Canny 边缘检测进行图像转换：

```
In[9]: image_g = cv2.cvtColor(image_c, cv2.COLOR_BGR2GRAY)
In[10]: image_canny = cv2.Canny(image_g, 50, 200, apertureSize= 3)
In[11]: image_canny
```

从图 4.81 中可以看到输入图像的矩阵。

```
array([[  0,   0,   0, ...,   0,   0,   0],
       [  0,   0,   0, ...,   0,   0,   0],
       [  0,   0, 255, ...,   0,   0,   0],
       ...,
       [  0,   0,   0, ...,   0,   0,   0],
       [  0,   0,   0, ...,   0,   0,   0],
       [  0,   0,   0, ...,   0,   0,   0]], dtype=uint8)
```

图 4.81   输入图像的矩阵

使用以下代码查看 Canny 图像：

```
In[12]: cv2.imshow('canny image', image_canny)
In[13]: cv2.waitKey(0)
In[14]: cv2.destroyAllWindows()
```

Canny 图像如图 4.82 所示。

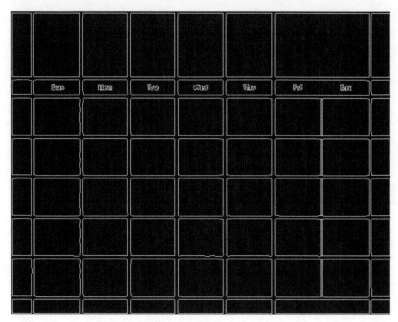

图 4.82　日历的 Canny 图像

5）最后应用霍夫变换：

```
In[15]: lines = cv2.HoughLines(image_canny, 1, np.pi/180, 300)
In[16]: if lines is not None:
                for i in range(0, len(lines)):
                rho = lines[i][0][0]
                theta = lines[i][0][1]
In[17]: x0 = rho * np.cos(theta)
In[18]: y0 = rho * np.sin(theta)
In[19]: a = np.cos(theta)
In[20]: b = np.sin(theta)
In[21]: x1 = int(x0 + 1000 * (−b))
In[22]: y1 = int(y0 + 1000 * (a))
In[23]: x2 = int(x0 − 1000 * (−b))
In[24]: y2 = int(y0 − 1000 * (a))
In[25]: cv2.line(image_c, (x1, y1), (x2, y2), (255, 0, 0), 2)
In[26]: cv2.imshow('Hough Lines', image_c)
In[27]: cv2.waitKey(0)
In[28]: cv2.destroyAllWindows()
```

输出图像如图 4.83 所示。

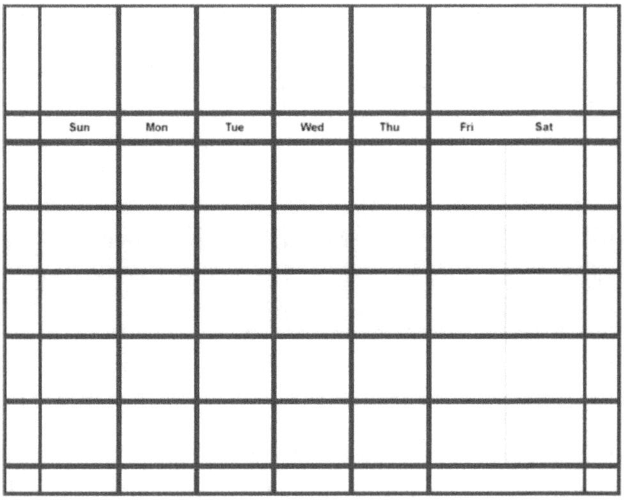

图 4.83　日历的霍夫变换图像

从图 4.83 可以看到，所有的直线线条都被霍夫变换检测到。这里使用了 OpenCV 进行霍夫变换。

4.7　总结

本章介绍了计算机视觉的重要性以及在计算机视觉领域面临的挑战，还介绍了颜色空间、边缘检测和不同类型的图像变换，以及使用 OpenCV 的许多示例。后续章节中，将使用上述中的一些技术。

另外，本章还介绍了图像的构建块以及计算机如何看到图像，并介绍了卷积等颜色空间技术的重要性，将在以后的章节中应用上述的技术。

第 5 章将应用计算机视觉技术，并实现一个用于检测道路标志的软件流程，即首先把该过程应用于图像，然后应用于视频。

第5章 ▼

使用 OpenCV 查找道路标志

本章将运用第 4 章中的计算机视觉知识，使用 OpenCV 库设计一个在自动驾驶汽车中识别道路标志的流程。通常情况下，我们会首先使用 OpenCV 库对数据进行预处理，然后将其输入深度学习网络。

本章的主要目的是构建一个能够在图片或视频中识别道路标志的程序。当我们驾驶汽车时，可以看到道路标志的位置。然而，汽车本身显然没有眼睛，这就是计算机视觉的用武之地。在这一章中，将使用一种复杂的算法，帮助计算机像人类一样看见世界，将使用一系列的摄像头图像来识别道路标记。

本章将涵盖以下主题：

- 在图像中查找道路标志。
- 在视频中检测道路标志。

5.1 在图像中查找道路标志

查找道路标志是构建自动驾驶汽车的第一步。如果摄像头传感器能够正确地检测到道路标记，那么汽车就能够沿着车道安全驾驶。

检测道路标志的主要步骤如下：

1）使用 OpenCV 加载图像。

2）将图像转换为灰度图像。

3）平滑图像。

4）Canny 边缘检测。

5）使用掩模提取感兴趣区域。

6）应用 bitwise_and。

7）应用霍夫变换。

8）优化检测到的道路标志。

5.1.1 使用 OpenCV 加载图像

检测道路标志的第一步是使用 OpenCV 导入图像。

1）使用 imread() 函数加载图像，并使用 imshow() 函数显示图像。导入库并加载图像的代码如下：

```
In[1]: import cv2
In[2]: image = cv2.imread('test_image.jpg')
In[3]: cv2.imshow('input_image', image)
In[4]: cv2.waitKey(0)
In[5]: cv2.destroyAllWindows()
```

2）导入的图像如图 5.1 所示。

图 5.1　导入的图像

5.1.2　将图像转换为灰度图像

我们已经知道，一个三通道的彩色图像有红、绿、蓝通道（每个像素都是这三个通道值的组合），而灰度图像的每个像素只有一个通道（0 表示黑色，255 表示白色）。显然，处理单通道图像比处理三通道彩色图像更快，计算成本也更低。

此外，在本章中，将开发一种边缘检测算法。边缘检测算法的主要目标是识别图像中目标的边界。在本章的后面部分，将使用边缘检测来找到图像中像素值急剧变化的区域。

把图像转换为灰度图像的代码如下。

1）导入以下库，我们需要用它们将图像转换为灰度图像：

```
In[1]: import cv2
In[2]: import numpy as np
```

2）读取并显示图像，然后将其转换为灰度图像：

```
In[3]: image = cv2.imread('test_image.jpg')
In[4]: lanelines_image = np.copy(image)
In[5]: gray_conversion= cv2.cvtColor(lanelines_image, cv2.COLOR_RGB2GRAY)
In[6]: cv2.imshow('input_image', gray_conversion)
In[7]: cv2.waitKey(0)
In[8]: cv2.destroyAllWindows()
```

输出的灰度图像如图 5.2 所示。

图 5.2　灰度图像

5.1.3　平滑图像

本小节将抑制噪声并平滑图像，这是因为检测到图像中的所有真实边缘和像素的急剧变化非常重要，同时还要滤除所有可能由噪声引起的虚假边缘。

本小节使用高斯滤波器对图像进行平滑处理。应用 OpenCV 库中的 GaussianBlur() 函数，可以减少图像中的噪声。使用 OpenCV 进行如下处理：

1）首先导入 OpenCV 和 NumPy：

```
In[1]: import cv2
In[2]: import numpy as np
```

2）接下来读取输入图像：

```
In[3]: image = cv2.imread('test_image.jpg')
In[4]: lanelines_image = np.copy(image)
```

3）现在将图像转换为灰度图像：

In[5]: gray_conversion= cv2.cvtColor(lanelines_image, cv2.COLOR_RGB2GRAY)

4）使用 OpenCV 库对图像进行高斯滤波：

In[6]: blur_conversion = cv2.GaussianBlur(gray_conversion, (5,5), 0)
In[7]: cv2.imshow('input_image', blur_conversion)
In[8]: cv2.waitKey(0)
In[9]: cv2.destroyAllWindows()

高斯模糊处理后的图像如图 5.3 所示。

图 5.3　高斯模糊处理后的图像

通过以上程序，我们对图像进行了平滑处理，并从中去除了噪声。

5.1.4　Canny 边缘检测

第 4 章进行了 Canny 边缘检测的介绍。本小节将应用 Canny 边缘检测来识别图像里的边缘。正如在第 4 章中学到的，边缘是图像中的一个区域，在该区域内，相邻像素之间的强度或颜色会发生剧烈变化。这一系列像素点之间的变化被称为梯度。已知 Canny 函数会计算模糊图像中所有方向上的梯度，并将最大梯度追踪为一系列像素。

现在，使用 OpenCV 库实现 Canny 边缘检测。

1）导入所需的库：

In[1]: import cv2
In[2]: import numpy as np

2）使用 OpenCV 的 cv2.Canny() 函数进行 Canny 边缘检测：

```
In[3]: image = cv2.imread('test_image.jpg')
In[4]: lanelines_image = np.copy(image)
In[5]: gray_conversion= cv2.cvtColor(lanelines_image, cv2.COLOR_RGB2GRAY)
In[6]: blur_conversion = cv2.GaussianBlur(gray_conversion, (5,5), 0)
In[7]: canny_conversion = cv2.Canny(blur_conversion, 50, 155)
In[8]: cv2.imshow('input_image', canny_conversion)
In[9]: cv2.waitKey(0)
In[10]: cv2.destroyAllWindows()
```

输出结果如图 5.4 所示。

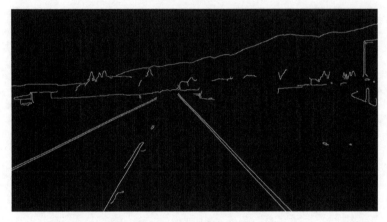

图 5.4　Canny 边缘检测后的图像

可以看到，图中的最大梯度用白色表示。

5.1.5　使用掩模提取感兴趣区域

第 4 章介绍了使用掩模提取感兴趣区域的相关技术。识别道路标志的下一步是使用掩模在图像中提取感兴趣区域，步骤如下。

1）导入所需的库：

```
In[1]: import cv2
In[2]: import numpy as np
In[3]: import matplotlib.pyplot as plt
```

2）编写 Canny 边缘检测函数：

```
In[4]: def canny_edge(image):
         gray_conversion = cv2.cvtColor(image, cv2.COLOR_RGB2GRAY)
```

```
blur_conversion = cv2.GaussianBlur(gray_conversion, (5,5), 0)
canny_conversion = cv2.Canny(blur_conversion, 50, 150)
return canny_conversion
```

3）编写感兴趣区域的掩模函数。手动检查图像，识别输入为多边形。后续将绘制图像，验证多边形中提到的点：

```
In[5]: def reg_of_interest(image):
        Image_height = image.shape[0]
        polygons = np.array([[[(200, Image_height), (1100, Image_height), (550, 250)]]])
        image_mask = np.zeros_like(image)
        cv2.fillPoly(image_mask, polygons, 255)
        return image_mask
```

输出结果如图 5.5 所示，可以在图像中看到标记的点。

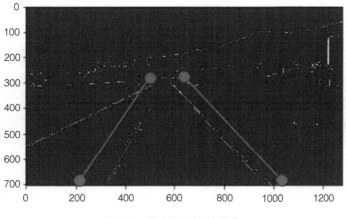

图 5.5　具有标记点的图像

4）读取输入图像：

```
In[6]: image = cv2.imread('test_image.jpg')
In[7]: lanelines_image = np.copy(image)
In[8]: canny_conversion = canny_edge(lanelines_image)
```

5）通过 OpenCV 库的 reg_of_interest() 函数，使用提取感兴趣区域掩模函数：

```
In[9]: cv2.imshow('result', reg_of_interest(canny_conversion))
In[10]: cv2.waitKey(0)
In[11]: cv2.destroyAllWindows()
```

输出结果如图 5.6 所示。

图 5.6　掩模图像

5.1.6　应用 bitwise_and

使用 bitwise_and 对图像黑色区域的所有位乘以 0000，对白色区域的所有位乘以 1111，如图 5.7 所示。

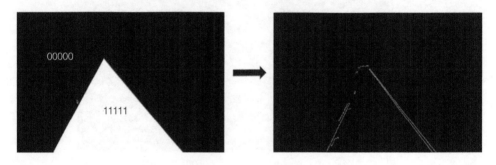

图 5.7　对黑白图像应用 bitwise_and

bitwise_and 的转换结果如图 5.8 所示。

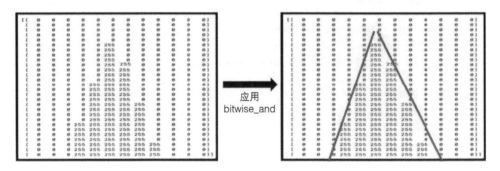

图 5.8　bitwise_and 的转换结果

使用 OpenCV 实现 bitwise_and 的程序如下。

1）首先导入所需的库：

```
In[1]: import cv2
In[2]: import numpy as np
In[3]: import matplotlib.pyplot as plt
```

2）然后编写 Canny 边缘检测函数：

```
In[4]: def canny_edge(image):
           gray_conversion = cv2.cvtColor(image, cv2.COLOR_RGB2GRAY)
           blur_conversion = cv2.GaussianBlur(gray_conversion, (5,5), 0)
           canny_conversion = cv2.Canny(blur_conversion, 50, 150)
           return canny_conversion
```

3）通过添加 bitwise_and 修改感兴趣区域的掩模函数：

```
In[5]: def reg_of_interest(image):
           image_height = image.shape[0]
           polygons = np.array([[(200, image_height), (1100, image_height), (551, 250)]])
           image_mask = np.zeros_like(image)
           cv2.fillPoly(image_mask, polygons, 255)
           masking_image = cv2.bitwise_and(image, image_mask)
           return masking_image
```

4）导入输入图像：

```
In[6]: image = cv2.imread('test_image.jpg')
In[7]: lanelines_image = np.copy(image)
In[8]: canny_conversion = canny_edge(lanelines_image)
```

5）查看掩模图像：

```
In[9]: cropped_image = reg_of_interest(canny_conversion)
In[10]: cv2.imshow('result', cropped_image)
In[11]: cv2.waitKey(0)
In[12]: cv2.destroyAllWindows()
```

应用 bitwise_and 后的掩模图像如图 5.9 所示。

5.1.7 应用霍夫变换

第 4 章介绍了霍夫变换背后的理论，也介绍了图像空间和霍夫空间中点的差异，图像空间到霍夫空间如图 5.10 所示。

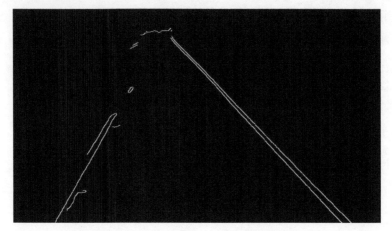

图 5.9　应用 bitwise_and 后的掩模图像

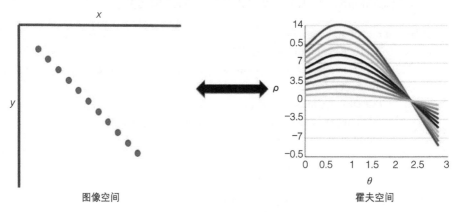

图 5.10　图像空间到霍夫空间

使用 OpenCV 实现霍夫变换的代码如下。

1）导入所需的库：

```
In[1]: import cv2
In[2]: import numpy as np
In[3]: import matplotlib.pyplot as plt
```

2）使用 canny_edge() 函数检测图像中的边缘：

```
In[4]: def canny_edge(image):
          gray_conversion = cv2.cvtColor(image, cv2.COLOR_RGB2GRAY)
          blur_conversion = cv2.GaussianBlur(gray_conversion, (5,5), 0)
          canny_conversion = cv2.Canny(blur_conversion, 50, 150)
          return canny_conversion
```

3）使用上一小节中的感兴趣区域函数：

```
In[5]: def reg_of_interest(image):
           image_height = image.shape[0]
           polygons = np.array([[[(200, image_height), (1100, image_height), (551, 250)]]])
           image_mask = np.zeros_like(image)
           cv2.fillPoly(image_mask, polygons, 255)
           masking_image = cv2.bitwise_and(image, image_mask)
           return masking_image
```

4）编写显示线条的函数：

```
In[6]: def show_lines(image, lines):
           lines_image = np.zeros_like(image)
           if lines is not None:
               for line in lines:
                   X1, Y1, X2, Y2 = line.reshape(4)
                   cv2.line(lines_image, (X1, Y1), (X2, Y2), (255, 0, 0), 10)
           return lines_image
```

5）添加霍夫变换代码：

```
In[7]: image = cv2.imread('test_image.jpg')
In[8]: lanelines_image = np.copy(image)
In[9]: canny_conv = canny_edge(lanelines_image)
In[10]: cropped_image = reg_of_interest(canny_conv)
In[11]: lane_lines = cv2.HoughLinesP(cropped_image, 2, np.pi/180, 100, np.array([]),
    minLineLength=40, maxLineGap=5)
In[12]: lines_image = show_lines(lanelines_image, lane_lines)
```

6）查看处理后的图像并检查输出：

```
In[13]: cv2.imshow('result', lines_image)
In[14]: cv2.waitKey(0)
In[15]: cv2.destroyAllWindows()
```

输出图像如图 5.11 所示。

可以看到，图像显示在黑色背景上。因此，接下来要将其与原始图像合并。

7）添加 combine_image，使用 cv2.addWeighted() 将图 5.11 的结果与输入图像合并：

```
In[16]: image = cv2.imread('test_image.jpg')
In[17]: lane_image = np.copy(image)
```

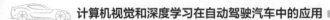

```
In[18]: canny = canny_edge(lane_image)
In[19]: cropped_image = reg_of_interest(canny)
In[20]: lines = cv2.HoughLinesP(cropped_image, 2, np.pi/180, 100, np.array([]), minLine-
    Length=40, maxLineGap=5)
In[21]: line_image = show_lines(lane_image, lines)
In[22]: combine_image = cv2.addWeighted(lane_image, 0.8, line_image, 1, 1)
In[23]: cv2.imshow('result', combine_image)
In[24]: cv2.waitKey(0)
In[25]: cv2.destroyAllWindows()
```

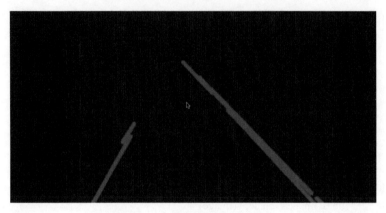

图 5.11　应用霍夫变换后的图像

输出图像如图 5.12 所示。

图 5.12　输出图像

以上就是如何识别道路标志的所有步骤。现在我们已经学会了如何在图像中识别车道线。这里将这些线条放在了一个与原始图像具有相同尺寸的黑色图像上。通过将两者混合，最终能够将检测到的线条放回到原始图像上。

5.1.8　优化检测到的道路标志

前面小节已经使用霍夫变换检测算法从梯度图像的一系列点中识别出图像中的道路标志，将这些线条放置在一个空白图像中，并将其与彩色图像合并，然后在输入图像上显示出这些线条。现在将进一步优化它。

首先需要明确的是，当前显示的线条对应超过投票阈值的部分。它们被投票为最能描述数据的线条。在 5.1.7 小节的识别结果中，左车道线包含多条线条，而我们现在要做的是，将这些线条的斜率和 y 轴截距平均，得到追踪两条车道的单条线。

这里通过向代码中添加两个新的函数 make_coordinates() 和 average_slope_intercept() 来实现上述内容。

1）导入所需的库：

```
In[1]: import cv2
In[2]: import numpy as np
In[3]: import matplotlib.pyplot as plt
```

2）现在定义 make_coordinates() 函数。该函数将从 average_slope_intercept() 函数中获取并解包 line_parameters 值（所有斜率的平均值）。将 $y2$ 设置为 3/5*$y1$，因为希望考虑的直线落在 y 轴的 3/5 处。已知一条直线的方程为 $y = mx + c$，因此可以重写直线方程。使用以下代码找到 $x1$ 和 $x2$：

```
In[4]: def make_coordinates(image, line_parameters):
           slope, intercept = line_parameters
           y1 = image.shape[0]
           y2 = int(y1 * (3/5))
           x1 = int((y1 - intercept) / slope)
           x2 = int((y2 - intercept) / slope)
           return np.array([x1, y1, x2, y2])
```

3）接下来定义 average_slope_intercept() 函数，将斜率和 y 截距平均得到一条线：

```
In[5]: def average_slope_intercept(image, lines):
           left_fit = []
           right_fit = []
           for line in lines:
```

```
                    x1, y1, x2, y2 = line.reshape(4)
                    parameters = np.polyfit((x1, x2), (y1, y2), 1)
                    slope = parameters[0]
                    intercept = parameters[1]
                    if slope < 0:
                            left_fit.append((slope, intercept))
                    else:
                            right_fit.append((slope, intercept))
            left_fit_average = np.average(left_fit, axis=0)
            right_fit_average = np.average(right_fit, axis=0)
            left_line = make_coordinates(image, left_fit_average)
            right_line = make_coordinates(image, right_fit_average)
            return np.array([left_line, right_line])
```

在上述函数中，left_fit 和 right_fit 是收集左侧和右侧线条平均值的坐标的列表。这里，循环遍历所有线条，并使用 line.reshape(4) 将它们重塑为一个四维数组。然后，使用 np.polyfit 对 x 和 y 的一次多项式（线性函数）进行拟合。其拟合 x 和 y 的多项式，并返回一个描述直线斜率和截距的系数向量。斜率和截距的值从参数矩阵中获取。已知左侧线条的斜率值始终为负值，因此可以编写一个条件语句来将所有左侧和右侧线条的斜率值分别附加到 left_fit 和 right_fit 中。接着，使用 np.average 平均左侧和右侧线条的截距。平均值存储在 left_fit_average 和 right_fit_average 中。最后，使用 make_coordinates() 函数找到直线的 x 和 y 坐标。

4）接下来定义 canny_edge() 函数：

```
In[6]: def canny_edge(image):
            gray_conversion = cv2.cvtColor(image, cv2.COLOR_RGB2GRAY)
            blur_conversion = cv2.GaussianBlur(gray_conversion, (5, 5), 0)
            canny_conversion = cv2.Canny(blur_conversion, 50, 150)
            return canny_conversion
```

5）然后定义 show_lines() 函数：

```
In[7]: def show_lines(image, lines):
            lanelines_image = np.zeros_like(image)
            if lines is not None:
                    for line in lines:
                            X1, Y1, X2, Y2 = line.reshape(4)
                            cv2.line(lanelines_image, (X1, Y1), (X2, Y2), (255, 0, 0), 10)
            return lanelines_image
```

6）最后定义感兴趣区域的掩模函数：

```
In[8]: def reg_of_interest(image):
        image_height = image.shape[0]
        polygons = np.array([[[(200, image_height), (1100, image_height), (551, 250)]]])
        image_mask = np.zeros_like(image)
        cv2.fillPoly(image_mask, polygons, 255)
        masking_image = cv2.bitwise_and(image, image_mask)
        return masking_image
```

7）使用以下代码显示最终的输出图像：

```
In[9]: image = cv2.imread('test_image.jpg')
In[10]: lanelines_image = np.copy(image)
In[11]: canny_image = canny_edge(lanelines_image)
In[12]: cropped_image = reg_of_interest(canny_image)
In[13]: lines = cv2.HoughLinesP(cropped_image, 2, np.pi/180, 100, np.array([]), minLine-
    Length= 40, maxLineGap=5)
In[14]: averaged_lines = average_slope_intercept(lanelines_image, lines)
In[15]: line_image = show_lines(lanelines_image, averaged_lines)
In[16]: combine_image = cv2.addWeighted(lanelines_image, 0.8, line_image, 1, 1)
In[17]: cv2.imshow('result', combine_image)
In[18]: cv2.waitKey(0)
In[19]: cv2.destroyAllWindows()
```

现在，一个端到端的道路标志检测流程已经创建，最终的输出图像如图 5.13 所示。

图 5.13 优化后的输出图像

5.2　在视频中检测道路标志

本节使用 OpenCV 库在视频中检测道路标志，步骤如下。

1）首先导入所需库：

```
In[1]: import cv2
In[2]: import numpy as np
In[3]: import matplotlib.pyplot as plt
```

2）定义 make_coordinates() 函数：

```
In[4]: def make_coordinates(image, line_parameters):
           slope, intercept = line_parameters
           y1 = image.shape[0]
           y2 = int(y1 * (3/5))
           x1 = int((y1 - intercept) / slope)
           x2 = int((y2 - intercept) / slope)
           return np.array([x1, y1, x2, y2])
```

3）定义 average_slope_intercept() 函数：

```
In[5]: def average_slope_intercept(image, lines):
           left_fit = []
           right_fit = []
           for line in lines:
               x1, y1, x2, y2 = line.reshape(4)
               parameter = np.polyfit((x1, x2), (y1, y2), 1)
               slope = parameter[0]
               intercept = parameter[1]
               if slope < 0:
                   left_fit.append((slope, intercept))
               else:
                   right_fit.append((slope, intercept))
           left_fit_average = np.average(left_fit, axis=0)
           right_fit_average = np.average(right_fit, axis=0)
           left_line = make_coordinates(image, left_fit_average)
           right_line = make_coordinates(image, right_fit_average)
           return np.array([left_line, right_line])
```

4）定义 canny_edge() 函数：

```
In[6]: def canny_edge(image):
           gray_conversion = cv2.cvtColor(image, cv2.COLOR_RGB2GRAY)
```

```
blur_conversion = cv2.GaussianBlur(gray_conversion, (5, 5), 0)
canny_conversion = cv2.Canny(blur_conversion, 50, 150)
return canny_conversion
```

5）定义 show_lines 函数：

```
In[7]: def show_lines(image, lines):
        line_image = np.zeros_like(image)
        if lines is not None:
            for line in lines:
                x1, y1, x2, y2 = line.reshape(4)
                cv2.line(line_image, (x1, y1), (x2, y2), (255, 0, 0), 10)
        return line_image
```

6）定义感兴趣区域的掩模函数：

```
In[8]: def reg_of_interest(image):
        image_height = image.shape[0]
        polygons = np.array([[(200, image_height), (1100, image_height), (550, 250)]])
        image_mask = np.zeros_like(image)
        cv2.fillPoly(image_mask, polygons, 255)
        masking_image = cv2.bitwise_and(image, image_mask)
        return masking_image
```

7）最后，播放视频：

```
In[9]: cap = cv2.VideoCapture("test2.mp4")
In[10]: while(cap.isOpened()):
        _, frame = cap.read()
        canny_image = canny_edge(frame)
        cropped_canny = reg_of_interest(canny_image)
        lines = cv2.HoughLinesP(cropped_canny, 2, np.pi/180, 100, np.array([]),
        minLineLength=40, maxLineGap=5)
        averaged_lines = average_slope_intercept(frame, lines)
        line_image = show_lines(frame, averaged_lines)
        combo_image = cv2.addWeighted(frame, 0.8, line_image, 1, 1)
        cv2.imshow("result", combo_image)
        if cv2.waitKey(1) & 0xFF == ord('q'):
            break
In[11]: cap.release()
In[12]: cv2.destroyAllWindows()
```

上述代码生成的视频的截图如图 5.14 所示。

图 5.14　视频的截图

　　至此成功开发了一个车道线标记算法，这是自动驾驶汽车开发中的一项重要任务。

5.3　总结

　　本章介绍了如何使用 OpenCV 技术在图像和视频中找到道路标志。这是一个入门项目，使用 OpenCV 实现了一个道路标志检测软件流程，其中应用了各种技术，例如 Canny 边缘检测、霍夫变换和灰度转换，这些内容在第 4 章中进行了介绍。

第6章
使用 CNN 改进图像分类器

如果读者一直在关注自动驾驶汽车（SDC）的最新消息，那么应该听说过卷积神经网络（ConvNet，CNN）。我们使用 ConvNet 来执行 SDC 的大量感知任务。本章将更深入地介绍这种引人入胜的架构及其重要性。具体而言，读者将学习卷积层如何使用互相关，而不是一般的矩阵乘法，为图像输入数据定制神经网络。另外，还将学习这些模型相对于标准前馈神经网络的优势。

CNN 的神经元具有可学习的权重和偏置。与神经网络类似，CNN 中的每个神经元都用于接收输入，然后执行点积并进行非线性激活。

网络的原始图像像素只表示一个单一的、可微分的评分函数。最后一层仍然存在损失函数（例如 softmax）。

本章将涵盖以下主题：
- 计算机格式中的图像。
- CNN 介绍。
- 手写数字识别介绍。

6.1　计算机格式中的图像

第 4 章已经介绍了计算机中的图像格式。基本上，图像有三个通道，即红色、绿色和蓝色，通常被称为 RGB。每个通道都具有各自的像素值。因此，如果说一个图像的尺寸是 B×A×3，那么意味着有 B 行、A 列和 3 个通道。如果图像的尺寸为 28×28×3，那么意味着有 28 行、28 列和 3 个通道。

这就是计算机看到图像的方式。对于黑白图像，只有两个通道。

图 6.1 所示为计算机查看图像的可视化示例。

6.1.1　CNN 的必要性

需要卷积神经网络是因为传统的神经网络不能很好地扩展到处理图像数据。第 4 章讨论了图像的存储方式。当构建一个简单的图像分类器时，如果输入的彩色图像大小为 64×64（高 × 宽），那么神经网络的输入尺寸将为 64×64×3=12288。

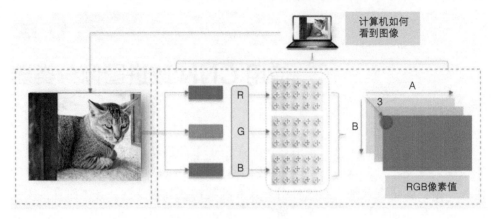

图 6.1　计算机查看图像

因此，如果使用尺寸为 128×128×3 的图像，那么输入层将有 49152 个权重。如果添加隐藏层，那么训练时间会呈指数增长。CNN 实际上并没有减少输入层的权重数量，而是在隐藏层内部找到一种表示方式，以充分利用图像的特性。这种方式可以使神经网络更有效地处理图像数据。

6.1.2　CNN 背后的直觉

CNN 是一种前馈式人工神经网络，其神经元之间的连接方式受到动物视觉皮层的启发。视觉皮层是大脑皮层中负责处理视觉信息的部分，如图 6.2 所示。

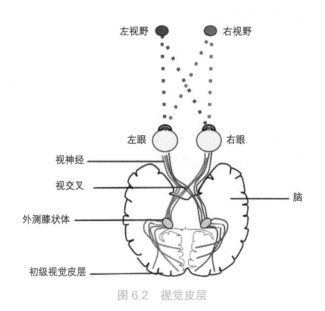

图 6.2　视觉皮层

视觉皮层是一小块细胞区域，对视野的特定区域敏感。例如，视觉皮层中的一些神经元在接触垂直边缘时激活，一些神经元在接触水平边缘时激活，而一些神经元在接触对角线边缘时激活。这就是 CNN 背后的过程。

6.2 CNN 介绍

在图 6.3 中，可以看到一个 CNN 的所有层。

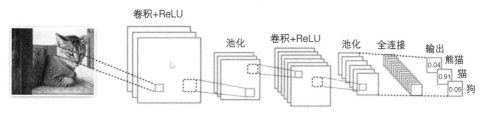

图 6.3 CNN 的所有层

CNN 的层包括：
* 输入层。
* 卷积层。
* ReLU 层。
* 池化层。
* 全连接层。

6.2.1 为什么需要 3D 层

3D 层允许使用卷积来学习图像特征。这有助于减少网络的训练时间，因为深度网络中的权重数量会减少。

图像的三个维度如下：
* 高度。
* 宽度。
* 深度（RGB）。

图 6.4 所示为图像的 3D 层。

6.2.2 理解卷积层

卷积层是 CNN 中最重要的部分，因为它是学习图像特征的层。在深入研究卷积之前，需要了解图像特征。图像特征就是我们最感兴趣的图像部分。

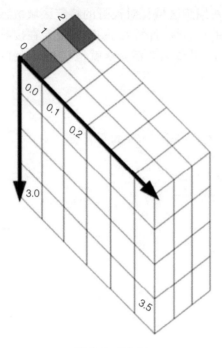

图 6.4　3D 层

图像特征可以包括：

- 边缘。
- 颜色。
- 模式 / 形状。

在 CNN 出现之前，从图像中提取特征是一个烦琐的过程，并且为一组图像所进行的特征提取过程可能不适用于另一组图像。

首先来了解卷积的具体含义。简单来说，卷积是一个数学术语，用于描述一种将两个函数组合并产生第三个函数的过程。其中，第三个函数或输出被称为特征图。卷积是将一个卷积核或滤波器应用于输入图像的操作，输出即为特征图。

卷积特征是通过将卷积核在输入图像上滑动来得到的。一般来说，卷积滑动过程通过简单的矩阵乘法或点积来完成。

图 6.5 是一个卷积如何工作的示例。

接下来介绍如何使用卷积来创建特征图的步骤。

1）将卷积核在图像矩阵上滑动，如图 6.6 所示。

2）将卷积核与输入图像矩阵相乘，如图 6.7 所示。

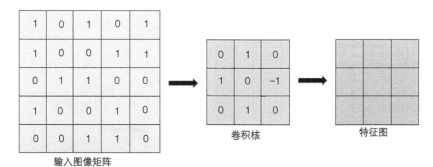

图 6.5　卷积如何工作的示例

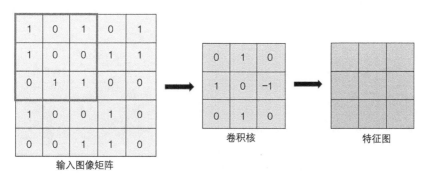

图 6.6　将卷积核在图像矩阵上滑动

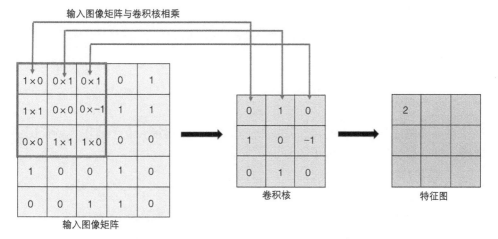

图 6.7　将卷积核与输入图像矩阵相乘

在图 6.8 中，可以看到在应用卷积核后特征图中的第一个值是如何创建的。

3）现在，滑动卷积核，创建特征图中的下一个值，如图 6.9 所示。

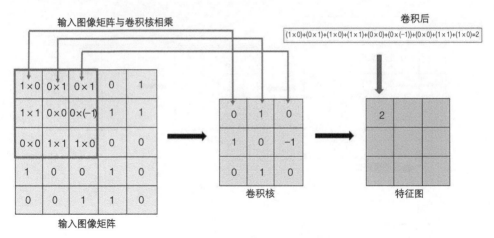

图 6.8　特征图中第一个值的创建

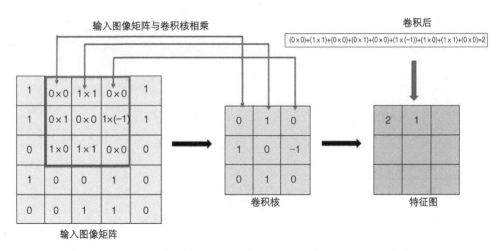

图 6.9　特征图中下一个值的创建

在上面的示例中，3×3 的卷积核滑动了 9 次，将得到 9 个值作为特征图的结果。以下是关于卷积核效果的要点：

- 卷积核产生标量输出。
- 特征图的结果取决于卷积核的值。
- 使用不同的卷积核进行卷积产生的特征图，用于检测不同特征。
- 在将特征压缩为特征图后，卷积通过保留图像的压缩信息来保持空间关系。

正如在第 4 章中所看到的，在 CNN 中可以使用许多滤波器。例如，如果一个 CNN 中有 12 个滤波器，那么将尺寸为 3×3×3 的 12 个滤波器应用于尺寸为 28×28×3 的输入图像，将产生 12 个特征图，也称为激活图。这些输出被堆叠在一起，作为另一个 3D 矩阵进行处理，但在我们的例子中，输出的尺寸是 $28 \times 28 \times 12$。然后，这个 3D 输出将被输入 CNN 的下一层。

> ⓘ 激活图矩阵的每个单元格都可以被视为一个特征提取器或神经元，它关注图像的特定区域。在前几层中，当检测到边缘或其他较低级别的特征时，对应的神经元被激活。在更深的层中，神经元将检测到更高级别的特征或更大的感受野。

6.2.3 深度、步长和零填充

深度、步长和零填充是用于调整卷积滤波器尺寸的超参数。在 6.2.2 小节中，应用了 3×3 的滤波器进行 CNN 的卷积。但问题是，滤波器的尺寸是否必须是 3×3 吗？到底需要多少个滤波器？滤波器需要逐像素进行移动吗？

使用的滤波器尺寸可以大于 3×3，可以通过调整下列参数来实现这一点，也可以通过调整这些参数来控制特征图的尺寸：

- 卷积核尺寸（$K \times K$）。
- 深度。
- 步长。
- 零填充。

1. 深度

深度表示使用的滤波器的数量。它与图像深度或 CNN 中的隐藏层数量无关。每个滤波器或卷积核都可以学习不同的特征图。当不同的图像特征（如边缘、模式和颜色）存在时，这些特征图会被激活。

2. 步长

步长一般是指在输入图像上滑动卷积核时所采取的步长大小。

图 6.10 是步长为 1 的示例。

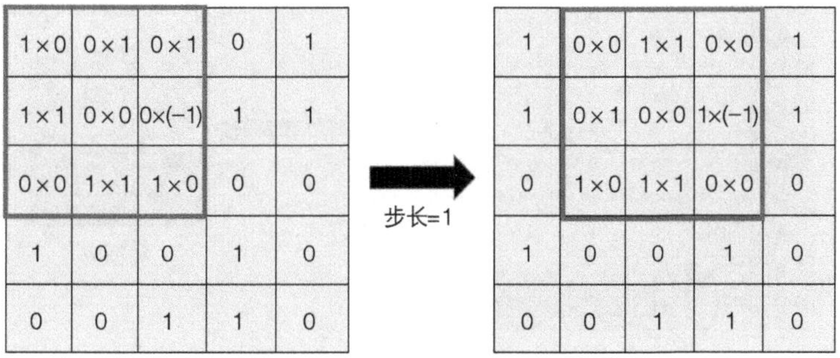

图 6.10 步长为 1 的示例

步长为 1 时，特征图的下一个值是 9。类似地，步长为 2 的情况如图 6.11 所示。

1×0	0×1	0×1	0	1
1×1	0×0	0×(−1)	1	1
0×0	1×1	1×0	0	0
1	0	0	1	0
0	0	1	1	0

步长=2

1	0	1×0	0×1	1×0
1	0	0×1	1×0	1×(−1)
0	1	1×0	0×1	0×1
1	0	0	1	0
0	0	1	1	0

图 6.11　步长为 2 的情况

当步长为 2 时，特征图的下一个值是 4，输出特征图的尺寸为 2×2。

步长的重要性在于以下几点：

- 步长控制了卷积层输出的大小。
- 使用较大的步长会减少卷积核的重叠。
- 步长是控制空间输入尺寸的方法之一。

3. 零填充

零填充是一个非常简单的概念，其被应用于输入的边界。步长为 1 时，特征图的输出将是一个 3×3 的矩阵。可以看到，步长设置为 1 后，最终得到了一个维度很小的输出。这个输出将成为下一层的输入。这种情况下，信息丢失的可能性很高。因此，我们在输入周围添加了一个由 0 组成的边框，如图 6.12 所示。

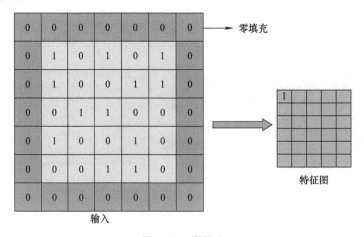

图 6.12　零填充

在边界周围添加 0 相当于在图像周围添加黑色边框。如果需要，则可以将填充设置为 2。

现在，将通过数学方法来计算卷积的输出，有以下参数：

- 卷积核 / 滤波器尺寸：K。
- 深度：D。
- 步长：S。
- 零填充：P。
- 输入图像尺寸：I。

为了确保滤波器对称覆盖整个输入图像，将使用下式进行合理性检查，如果结果是整数，那么其是有效的：

$$(1 - K + 2P) \div S + 1$$

6.2.4 ReLU

ReLU 是 CNN 中首选的激活层。第 2 章介绍了激活层。众所周知，由于卷积过程是线性的，需要在模型中引入非线性，因此，我们将激活函数应用于 CNN 的输出上。

ReLU 函数只是简单地将所有负值变为 0，而正值保持不变，如图 6.13 所示。

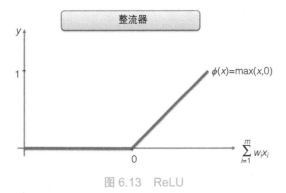

图 6.13　ReLU

图 6.14 是一个 ReLU 在特征图输出中引入非线性的示例。

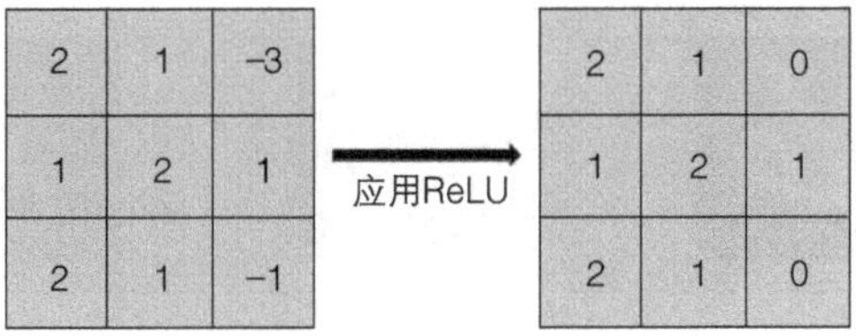

2	1	−3
1	2	1
2	1	−1

应用ReLU →

2	1	0
1	2	1
2	1	0

图 6.14　应用 ReLU 的示例

6.2.5 全连接层

第 2 章介绍了全连接层。全连接层仅意味着一层中的所有节点都连接到下一层的输出。全连接层的输出是一组概率类别，其中的每个类别都被分配一个概率值。所有概率之和必须等于 1。在该层输出处使用的激活函数称为 softmax 函数。

用于生成每个类别的概率的激活函数称为 softmax 函数。它可将全连接层的输出或最后一层的输出转换成概率。所有类别的概率之和为 1，例如图 6.15 中，熊猫 =0.04，猫 =0.91，狗 =0.05，概率总和为 1。

在图 6.15 中，可以看到 softmax 函数的输出值。

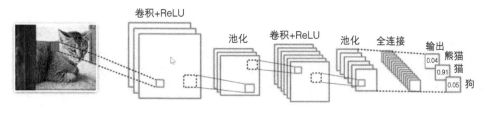

图 6.15　softmax 输出

6.3　手写数字识别介绍

本节将使用 Keras API 实现一个手写数字识别 CNN 模型。

MNIST 数据集是计算机视觉领域最流行的数据集之一。这是一个相当大的数据集，由 60000 张训练图像和 10000 张测试图像组成。

MNIST 数据集的部分样本如图 6.16 所示。

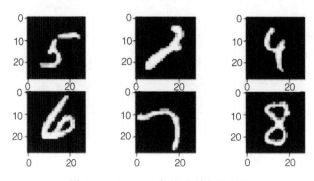

图 6.16　MNIST 数据集的部分样本

6.3.1　问题和目标

MNIST 数据集是为美国邮政服务而开发的，用于自动识别邮件上的邮政编码。所建立的分类器的目的很简单：按提供的方式获取数字，并正确识别给定数字。数字识别在自动驾驶汽车中有多种应用，其中一个重要应用是交通标志检测，如检测限速标志。

限速交通标志示例如图 6.17 所示。

图 6.17　限速交通标志示例

6.3.2　加载数据

加载数据是创建深度学习模型中简单但不可或缺的第一步。幸运的是，Keras 有一些内置的数据加载器，非常易于执行。将数据读取到工作空间中一个数组的步骤如下：

1）从 TensorFlow 导入 Keras 数据集：

```
from keras.datasets import mnist
```

2）创建测试数据集和训练数据集：

```
(x_train, y_train), (x_test, y_test) = mnist.load_data()
```

3）输出并查看 x_train 数据的维度：

```
print(x_train.shape)
```

4）x_train 的维度如下：

```
(60000, 28, 28)
```

对于使用 Keras 的新手来说，面临的一个令人困惑的问题是，如何将数据集调整为 Keras 所需的正确维度。

5）当首次将数据集加载到 Keras 中时，数据集以 60000 张图像、28×28 像素的形式出现。通过在 Python 中输出初始形状、维度以及训练数据中的样本数和标签数来检查这一点：

```
print ("Initial shape & Dimension of x_train:", str(x_train.shape))
```

```
print ("Number of samples in our training data:", str(len(x_train)))
print ("Number of lables in our test data:", str(len(x_test)))
```

结果如下：

```
Initial shape & Dimension of x_train: (60000, 28, 28)
Number of samples in our training data: 60000
Number of lables in our test data: 10000
```

6）输出测试数据的样本数和标签数：

```
print("Number of samples in test data:"+ str(len(x_test)))
print("Number of labels in the test data:"+str(len(y_test)))
```

结果如下：

```
Number of samples in test data:10000
Number of labels in the test data:10000
```

现在，使用 OpenCV 查看数据。导入 OpenCV 和 NumPy 库：

```
import cv2
import numpy as np
for i in range(0,6):
random_num = np.random.randint(0, len(x_train))
img = x_train[random_num]
window_name = 'Random Sample #' +str(i)
cv2.imshow(window_name, img)
cv2.waitKey()
cv2.destroyAllWindows()
```

使用 OpenCV 显示的图像如图 6.18 所示。

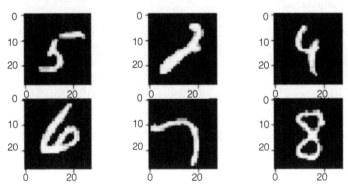

图 6.18　使用 OpenCV 显示的图像

接下来，使用 Matplotlib 查看数据：

```
import matplotlib.pyplot as plt
plt.subplot(334)
random_num = np.random.randint(0,len(x_train))
plt.imshow(x_train[random_num], cmap=plt.get_cmap('gray'))
plt.subplot(335)
random_num = np.random.randint(0,len(x_train))
plt.imshow(x_train[random_num], cmap=plt.get_cmap('gray'))
plt.subplot(336)
random_num = np.random.randint(0,len(x_train))
plt.imshow(x_train[random_num], cmap=plt.get_cmap('gray'))
plt.subplot(337)
random_num = np.random.randint(0,len(x_train))
plt.imshow(x_train[random_num], cmap=plt.get_cmap('gray'))
plt.subplot(338)
random_num = np.random.randint(0,len(x_train))
plt.imshow(x_train[random_num], cmap=plt.get_cmap('gray'))
plt.subplot(339)
random_num = np.random.randint(0,len(x_train))
plt.imshow(x_train[random_num], cmap=plt.get_cmap('gray'))
plt.show()
```

使用 Matplotlib 显示图像如图 6.19 所示。

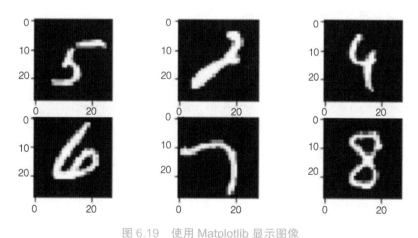

图 6.19　使用 Matplotlib 显示图像

然而，Keras 所需的输入格式要求我们按照一定的方式进行定义：样本数、行数、列数、深度。

因此，MNIST 数据集是灰度图像，需要它满足如下格式：

- 灰度形式为 $60000 \times 28 \times 28 \times 1$，其中图像数量为 60000，图像的高度为 28，宽度为 28，因为它是灰度图像，所以通道数为 1（如果是彩色图像，那么通道数为 3，表示为 $60000 \times 28 \times 28 \times 3$）。
- 使用 NumPy 的 reshape() 函数，可以轻松地为数据添加第四个维度。

6.3.3　重塑数据

本小节介绍如何为 Keras 重塑数据。

以下代码可以帮助我们重新调整 Keras 的输入：

```
img_rows = x_train[0].shape[0]
img_cols = x_train[1].shape[0]
x_train = x_train.reshape(x_train.shape[0], img_rows, img_cols, 1)
x_test = x_test.reshape(x_test.shape[0], img_rows, img_cols, 1)
input_shape = (img_rows, img_cols, 1)
x_train = x_train.astype('float32')
x_test = x_test.astype('float32')
```

6.3.4　数据的转换

本小节介绍训练图像数据和测试图像数据的转换。对于 x_train 和 x_test，需要执行以下操作：

1）添加第四个维度，维度从 (60000, 28, 28) 变为 (60000, 28, 28, 1)。

2）将数据类型更改为 Float32。

3）将数据归一化到 0～1 之间（通过除以 255）。

下面的代码将对数据进行归一化处理：

```
x_train /=255 x_test /=255
print('x_train shape:', x_train.shape) print(x_train.shape[0], 'train samples')
print(x_test.shape[0], 'test samples')
```

数据归一化后，数据的维度不会改变：

```
x_train shape: (60000, 28, 28, 1)
60000 train samples
10000 test samples
```

6.3.5　对输出进行独热编码

本小节对输出数据进行独热编码。使用独热编码，可以将一个分类变量转换为新的格式，从而更好地进行机器学习预测。对于计算机来说，以独热编码的形式解释输入数据也更容易。

图 6.20 所示为一个独热编码示例。

产品名称	分类值	价格
产品 A	1	100
产品 B	2	200
产品 C	3	300
产品 C	3	500

独热编码

产品 A	产品 B	产品 C	价格
1	0	0	100
0	1	0	200
0	0	1	300
0	0	1	500

图 6.20　独热编码示例

在图 6.20 中有三个产品，它们的分类值分别为 1、2 和 3。可以看到如何通过独热编码表示这些产品：对于产品 A，是 (1, 0, 0)；对于产品 B，是 (0, 1, 0)。类似地，如果想对数据执行相同的操作，对于数字 5，将得到 (0, 0, 0, 0, 1, 0, 0, 0, 0)。

通过下面的代码，对输出进行独热编码：

```
from keras.utils import np_utils
y_train = np_utils.to_categorical(y_train)
y_test = np_utils.to_categorical(y_test)
print ("Number of classes: " + str(y_test.shape[1]))
num_classes = y_test.shape[1]
num_pixels = x_train.shape[1] * x_train.shape[2]
y_train[0]
```

转换为独热编码后的输出如下：

```
array([0., 0., 0., 0., 0., 1., 0., 0., 0., 0.], dtype=float32)
```

6.3.6 构建和编译模型

本节将构建并编译模型。

要构建和编译模型，首先应建立一个简单的神经网络，然后开始构建模型。本小节将添加用于深度学习模型的层。

1）首先，从 Keras 中导入重要的库：

```
model.compile(loss ="categorical_crossentropy", optimizer= 'SGD', metrics = ['accuracy'])
print(model.summary())
```

2）使用以下代码设计 CNN。首先，将第一层添加为卷积层，过滤器值为32，将 kernel_size 设置为 (3,3)，设置激活函数为 ReLU。然后添加一个过滤器值为 64 的卷积层，激活函数为 ReLU。接下来添加一个最大池化层。之后添加随机失活层、展平层，并添加一个过滤器尺寸为 128 和激活函数为 ReLU 的密集层。最后添加一个 dropout 层。

```
model = tf.keras.Sequential()
model.add(tf.keras.layers.Conv2D(10, kernel_size=(3,3), activation = 'relu', input_shape =
input_shape)) model.add(tf.keras.layers.Conv2D(64, (3,3), activation='relu'))
model.add(tf.keras.layers.MaxPooling2D(pool_size=(2,2)))
model.add(tf.keras.layers.Dropout(0.25))
model.add(tf.keras.layers.Flatten())
model.add(tf.keras.layers.Dense(128, activation='relu'))
model.add(tf.keras.layers.Dropout(0.5))

model.add(tf.keras.layers.Dense(num_classes, activation='softmax'))
```

> **注意**：这里使用了 Conv2D() 和 MaxPooling2D()。使用 Conv2D 是因为开发的模型是针对空间数据的。读者可以在 https://keras.io/layers/convolutional/ 和 https://keras.io/layers/pooling/ 中了解有关 Conv1D、Conv2D、Conv3D、MaxPooling1D、MaxPooling2D 和 MaxPooling3D 应用的更多信息。

为了编译模型，需要选择损失函数、优化器和训练过程中关注的指标：

```
model.compile(loss ="categorical_crossentropy", optimizer= 'SGD', metrics = ['accuracy'])
print(model.summary())
```

编译模型后的输出如图 6.21 所示。

```
Layer (type)                 Output Shape              Param #
=================================================================
conv2d_5 (Conv2D)            (None, 26, 26, 32)        320

conv2d_6 (Conv2D)            (None, 24, 24, 64)        18496

max_pooling2d_3 (MaxPooling2)(None, 12, 12, 64)        0

dropout_5 (Dropout)          (None, 12, 12, 64)        0

flatten_3 (Flatten)          (None, 9216)              0

dense_5 (Dense)              (None, 128)               1179776

dropout_6 (Dropout)          (None, 128)               0

dense_6 (Dense)              (None, 10)                1290
=================================================================
Total params: 1,199,882
Trainable params: 1,199,882
Non-trainable params: 0


None
```

图 6.21　编译模型后的输出

6.3.7　训练模型

这里设置批尺寸为 32、周期为 6，进行模型训练，可以根据需要调整这些参数以提高准确度。

可使用以下代码训练模型：

```
batch_size = 32
epochs = 6
history =model.fit(x_train,
                   y_train,
                   batch_size= batch_size, epochs = epochs, verbose=1,
                   validation_data= (x_test, y_test))

score = model.evaluate(x_test, y_test, verbose=0)
print('Test_loss:', score[0])
print('Test_accuracy:', score[1])
```

模型训练结果如图 6.22 所示。

```
Train on 60000 samples, validate on 10000 samples
Epoch 1/6
60000/60000 [==============================] - 160s 3ms/step - loss: 0.5886 - acc: 0.8166 - val_loss: 0.2143 - val_acc: 0.93
51
Epoch 2/6
60000/60000 [==============================] - 162s 3ms/step - loss: 0.3181 - acc: 0.9033 - val_loss: 0.1571 - val_acc: 0.95
43
Epoch 3/6
60000/60000 [==============================] - 160s 3ms/step - loss: 0.2590 - acc: 0.9224 - val_loss: 0.1287 - val_acc: 0.96
09
Epoch 4/6
60000/60000 [==============================] - 163s 3ms/step - loss: 0.2133 - acc: 0.9369 - val_loss: 0.1052 - val_acc: 0.96
95
Epoch 5/6
60000/60000 [==============================] - 161s 3ms/step - loss: 0.1745 - acc: 0.9483 - val_loss: 0.0854 - val_acc: 0.97
46
Epoch 6/6
60000/60000 [==============================] - 160s 3ms/step - loss: 0.1487 - acc: 0.9563 - val_loss: 0.0694 - val_acc: 0.97
84
```

图 6.22　模型训练结果

模型的训练准确度为 95.84，测试损失值为 0.069。

6.3.8　验证损失与训练损失

本小节通过绘图来比较验证损失和训练损失。使用 Matplotlib 进行绘图：

```
import matplotlib.pyplot as plt
history_dict = history.history
loss_values = history_dict['loss']
val_loss_values = history_dict['val_loss']
epochs = range(1, len(loss_values)+ 1)
line1 = plt.plot(epochs, val_loss_values, label = 'Validation/Test Loss')
line2 = plt.plot(epochs, loss_values, label= 'Training Loss')
plt.setp(line1, linewidth=2.0, marker = '+', markersize=10.0)
plt.setp(line2, linewidth=2.0, marker = '4', markersize=10.0)
plt.xlabel('Epochs')
plt.ylabel('Loss')
plt.grid(True)
plt.legend()
plt.show()
```

验证损失与训练损失曲线如图 6.23 所示。

训练损失值从 0.6 开始，最终降至 0.16；验证损失值从 0.2 开始，最终降至 0.06。可以看出，模型表现良好，损失值已经降到了一个最低点。

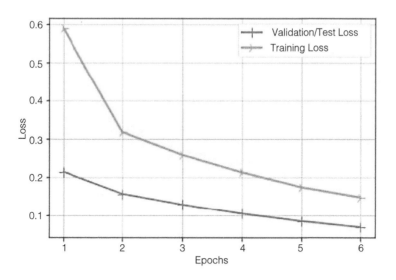

图 6.23　验证损失与训练损失曲线

6.3.9　验证与测试准确度

本小节将绘制包含验证与测试准确度的曲线图。

比较验证训练和验证准确度的代码如下：

```
import matplotlib.pyplot as plt
history_dict = history.history
acc_values = history_dict['acc'] val_acc_values = history_dict['val_acc']
epochs = range(1, len(loss_values)+ 1)
line1 = plt.plot(epochs, val_acc_values, label = 'Validation/Test Accuracy')
line2 = plt.plot(epochs, acc_values, label= 'Training Accuracy')
plt.setp(line1, linewidth=2.0, marker = '+', markersize=10.0)
plt.setp(line2, linewidth=2.0, marker= '4', markersize=10.0)
plt.xlabel('Epochs')
plt.ylabel('Accuracy')
plt.grid(True)
plt.legend()
plt.show()
```

训练与准确度对比如图 6.24 所示。

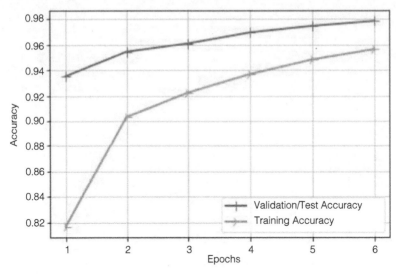

图 6.24　训练与准确度对比

从图 6.24 可以看到，训练准确度约为 96%，测试准确度约为 97.84%，表明模型表现良好。

6.3.10　保存模型

现在需要保存模型，以便以后可以重新使用。以下是保存模型的代码：

```
model.save("./mnist.h5")
model.save will save the model and load_model is used to reload the model:
from keras.models import load_model model = load_model('./mnist.h5')
```

6.3.11　可视化模型架构

Keras 具有强大的功能，本小节将使用它来可视化模型体系结构。
通过以下代码，可以创建图像的可视化：

```
from keras.utils.vis_utils import plot_model
%matplotlib inline
from keras.utils import plot_model
plot_model(model, to_file='model.png', show_shapes= True, show_layer_names = True)
import matplotlib.pyplot as plt
import matplotlib.image as mpimg
img = mpimg.imread('model.png')
plt.imshow(img)
plt.show()
```

可视化模型架构如图 6.25 所示。

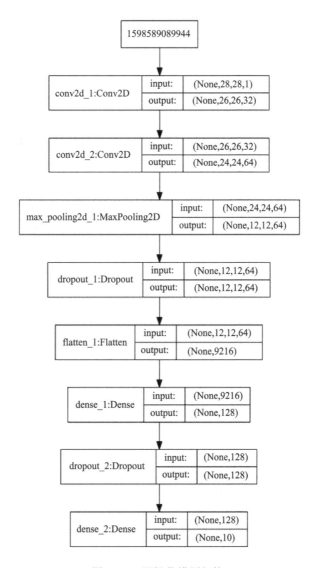

图 6.25　可视化模型架构

6.3.12　混淆矩阵

本小节将使用混淆矩阵验证模型性能。

在真实分类已知的测试数据集上，可以使用混淆矩阵验证分类模型的性能。

要查看模型的混淆矩阵，执行以下代码：

```
y_pred=model.predict(x_test) y_pred=np.argmax(y_pred, axis=1)
y_test=np.argmax(y_test, axis=1)
from sklearn.metrics import confusion_matrix
confusion_matrix = confusion_matrix(y_test, y_pred)
confusion_matrix
```

模型的混淆矩阵如图 6.26 所示。

```
array([[ 973,    0,    0,    0,    0,    0,    2,    1,    4,    0],
       [   0, 1120,    3,    3,    0,    0,    4,    1,    4,    0],
       [   4,    0, 1005,    4,    2,    0,    2,    7,    8,    0],
       [   0,    0,    3,  990,    0,    3,    0,    7,    7,    0],
       [   1,    0,    3,    0,  959,    0,    5,    0,    2,   12],
       [   2,    0,    0,    6,    0,  871,    5,    1,    3,    4],
       [   8,    3,    0,    0,    2,    2,  940,    0,    3,    0],
       [   2,    2,   16,    2,    1,    0,    0,  998,    1,    6],
       [   5,    1,    2,    4,    1,    1,    3,    2,  952,    3],
       [   5,    4,    0,    4,    6,    1,    0,    5,    8,  976]],
      dtype=int64)
```

图 6.26　模型的混淆矩阵

可以使用以下代码，以更高级的方式创建混淆矩阵：

```
from sklearn.metrics import confusion_matrix
def plot_confusion_matrix(cm, classes,
                          normalize=False,
                          title='Confusion matrix',
                          cmap=plt.cm.Blues):
    plt.imshow(cm, interpolation='nearest', cmap=cmap)
    plt.title(title)
    plt.colorbar()
    tick_marks = np.arange(len(classes))
    plt.xticks(tick_marks, classes, rotation=75)
    plt.yticks(tick_marks, classes)
if normalize:
    cm = cm.astype('float') / cm.sum(axis=1)[:, np.newaxis]
    thresh = cm.max() / 2.
for i, j in itertools.product(range(cm.shape[0]), range(cm.shape[1])):
        plt.text(j, i, cm[i, j],
        horizontalalignment="center",
        color="white" if cm[i, j] > thresh else "black")
```

```
plt.tight_layout()
plt.ylabel('True label')
plt.xlabel('Predicted label')
class_names = range(10)
cm = confusion_matrix(y_pred,y_test)
plt.figure(2)
plot_confusion_matrix(cm, classes=class_names, title='Confusion matrix')
```

输出的混淆矩阵如图 6.27 所示。

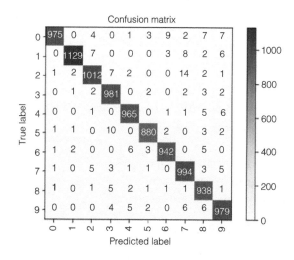

图 6.27　输出的混淆矩阵

6.3.13　准确度报告

本小节将检查模型的准确度报告，其包括以下数值。

准确度（Accuracy）：准确度是模型验证中最重要和最流行的度量。观测值的正确预测次数与观测值总数的比值称为准确度。一般来说，高精度模型并不总是更好的，因为精度度量仅适用于对称数据集，即真正例（True Positive）和假负例（False Positive）的值几乎相同。

准确度的公式如下：

$$Accuracy = (TP + TN)/(TP + FP + FN + TN)$$

其中：

- TP 是真正例。
- TN 是真负例。

- *FP* 是假正例。
- *FN* 是假负例。

精确率（Precision）：正确预测的正观测值（*TP*）与所有的正观测值（*TP+FP*）之比称为精确率。以下是精确率的计算公式：

$$Precision = TP/TP + FP$$

召回率（Recall）：正确预测的正观测值（*TP*）与所有实际正例（*TP+FN*）之比称为召回率，或称为灵敏度。

$$Recall = TP/TP + FN$$

F1 得分（F1 Score）：准确率和召回率的加权平均值称为 F1 得分。直观地理解准确度是非常困难的。一般来说，F1 得分通常比准确率更有用，特别是在类别分布不均匀的情况下。

F1 得分的计算公式如下：

$$F1\ Score = 2 * (Recall * Precision)/(Recall + Precision)$$

通过以下代码，可查看模型的精度报告：

```
from sklearn.metrics import classification_report
predictions = model.predict_classes(x_test)
print(classification_report(y_test,predictions))
```

报告的结果输出如图 6.28 所示。

	precision	recall	f1-score	support
0	0.97	0.99	0.98	980
1	0.99	0.99	0.99	1135
2	0.97	0.97	0.97	1032
3	0.98	0.98	0.98	1010
4	0.99	0.98	0.98	982
5	0.99	0.98	0.98	892
6	0.98	0.98	0.98	958
7	0.98	0.97	0.97	1028
8	0.96	0.98	0.97	974
9	0.98	0.97	0.97	1009
micro avg	0.98	0.98	0.98	10000
macro avg	0.98	0.98	0.98	10000
weighted avg	0.98	0.98	0.98	10000

图 6.28　报告的结果输出

至此，我们已经实现了一个 CNN 模型，用于 MNIST 数据集的分类。

6.4 总结

本章介绍了 CNN 和对 CNN 进行调整的不同方法，并使用 Keras 实现了一个手写数字识别模型。另外，还介绍了图像作为输入的问题的超参数，以及不同的准确度度量，例如准确度、F1 得分、精确率、召回率。

第7章 ▼

使用深度学习进行道路标志检测

交通道路标志是我国道路基础设施的重要组成部分。没有道路标志，交通事故的概率将会增加。例如，驾驶员不知道他们应该开多快，或者前方是否有道路施工、急转弯或学校十字路口等。在本章中，我们将解决自动驾驶汽车（Self-Driving Car，SDC）技术中的一个重要问题——交通标志检测。本章将实现一个交通标志识别准确度达到95%的模型。

> ℹ️ 本章使用德国交通标志数据集，是免费使用的。我们从下面论文中得到了灵感：*The German Traffic Sign Recognition Benchmark: A multiclass classification competition* (https://ieeexplore.ieee.org/document/6033395)。

本章主要包含以下主题：
- 数据集概述。
- 加载数据。
- 图像探索。
- 数据准备。
- 模型训练。
- 模型准确度。

7.1 数据集概述

使用德国交通标志数据集进行交通标志检测是一个包含40多个类别和5万多张图像的多分类问题。交通标志实例在数据集中是唯一的，每个真实世界的交通标志只出现一次。

7.1.1 数据集结构

训练集存档的结构如下：
- 每个类是一个文件夹。
- 每个文件夹包含一个带有类别注释的CSV文件以及训练图像。
- 训练图像按照轨迹分组。

- 每个轨迹包含一个交通标志的 30 张图像。

7.1.2　图像格式

图像格式的结构如下：

- 每个图像包含一个交通标志。
- 在实际交通标志周围，图像有 10%（至少 5 个像素）的边框，以便于使用基于边缘的方法。
- 图像以可移植像素图（PPM）格式存储——可移植的（Portable）、像素图（Pixmap）、P6。
- 图像尺寸在 15×15 和 250×250 像素之间。
- 图像不一定是正方形的。
- 实际交通标志不一定要在图像中心。在整张摄像头图像中，实际交通标志靠近图像边界是可行的。
- 交通标志的边框是注释的一部分。

下面列举了几个类别：

- （0，b' 限速（20km/h）'）（1，b' 限速（30km/h）'）
- （2，b' 限速（50km/h）'）（3，b' 限速（60km/h）'）
- （4，b' 限速（70km/h）'）（5，b' 限速（80km/h）'）
- （6，b' 限速结束（80km/h）'）（7，b' 限速（100km/h）'）
- （8，b' 限速（120km/h）'）（9，b' 禁止通行 '）
- （10，b'3.5t 以上车辆禁止通行 '）
- （11，b' 下一个十字路口有通行权 '）（12，b' 优先道路 '）
- （13，b' 让行 '）（14，b' 停车 '）（15，b' 禁止车辆通行 '）
- （16，b'3.5t 以上车辆禁止进入 '）（17，b' 禁止进入 '）
- （18，b' 一般注意事项 '）（19，b' 左侧弯道危险 '）
- （20，b' 右侧弯道危险 '）（21，b' 双弯道 '）
- （22，b' 道路颠簸 '）（23，b' 道路打滑 '）
- （24，b' 道路右侧变窄 '）（25，b' 道路施工 '）
- （26，b' 交通信号 '）（27，b' 行人 '）（28，b' 儿童过马路 '）
- （29，b' 单车过马路 '）（30，b' 小心冰雪 '）
- （31，b' 野生动物穿越 '）
- （32，b' 所有速度和通行限制结束 '）（33，b' 前方右转 '）
- （34，b' 前方左转 '）（35，b' 直行 '）（36，b' 直行或右转 '）
- （37，b' 直行或左转 '）（38，b' 靠右行驶 '）（39，b' 靠左行驶 '）
- （40，b' 环形交叉路口 '）（41，b' 禁止通行结束 '）（42，b'3.5t 以上车辆

禁止通行结束')。

7.2 加载数据

本节将开始构建和训练卷积神经网络：

1）我们将从导入必要的库开始，包括 Pandas、NumPy 和 Matplotlib：

```
import warnings
warnings.filterwarnings("ignore")
import libraries
import pickle
#Import Pandas for data manipulation using dataframes
import pandas as pd
#Importing Numpy for data statistical analysis
import numpy as np
#Importing matplotlib for data visualisation
import matplotlib.pyplot as plt
import random
```

2）接下来导入三个 pickle 文件——测试、训练和验证数据集：

```
with open("./traffic-signs-data/train.p", mode='rb') as training_data:
    train = pickle.load(training_data)
with open("./traffic-signs-data/valid.p", mode='rb') as validation_data:
    valid = pickle.load(validation_data)
with open("./traffic-signs-data/test.p", mode='rb') as testing_data:
    test = pickle.load(testing_data)
X_train, y_train = train['features'], train['labels']
X_validation, y_validation = valid['features'], valid['labels']
X_test, y_test = test['features'], test['labels']
```

3）现在查看数据的维度：

```
x_train.shape
y_train.shape
```

4）x_train 的维度如下：

```
(34799, 32, 32, 3)
```

5）y_train 的维度如下：

```
(34799, )
```

7.3 图像探索

本节将探索图像类别，看看德国交通标志数据集是什么样的。

查看图片并检查它是否被正确导入：

```
i = 1001
plt.imshow(X_train[i]) # Show images are not shuffled
y_train[i]
```

输出看起来像一个交通标志牌，所以图像已经被正确导入，如图 7.1 所示。

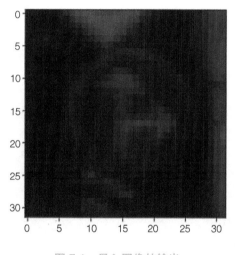

图 7.1　导入图像的输出

在图 7.2 中，可以看到德国交通标志检测数据集的所有类别。

图 7.2　43 个图像类

7.4　数据准备

本节将开始建模过程的第一步——数据准备。

数据准备是任何数据科学项目的重要组成部分。数据准备能够帮助模型获得更好的准确度。

1）从打乱数据集开始：

```
from sklearn.utils import shuffle
X_train, y_train = shuffle(X_train, y_train)
```

2）现在，我们将数据转换为灰度图像并进行归一化：

```
X_train_gray = np.sum(X_train/3, axis=3, keepdims=True)
X_test_gray = np.sum(X_test/3, axis=3, keepdims=True)
X_validation_gray = np.sum(X_validation/3, axis=3, keepdims=True)
X_train_gray_norm = (X_train_gray - 128)/128
X_test_gray_norm = (X_test_gray - 128)/128
X_validation_gray_norm = (X_validation_gray - 128)/128
```

3）接下来，我们将查看变换后的灰度图像：

```
i = 610
plt.imshow(X_train_gray[i].squeeze(), cmap='gray')
plt.figure()
plt.imshow(X_train[i])
```

输出的灰度图像如图 7.3 所示。

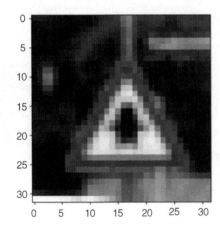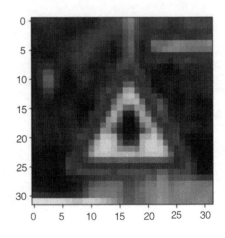

图 7.3　灰度图像

7.5 模型训练

本节将使用与第 6 章中相同的卷积神经网络架构来训练本章的模型。

1）从导入 Keras 和 Sklearn 库开始，通过 Keras 导入 Sequential、Conv2D、MaxPooling2D、Dense、Flatten、Dropouts、Adam、TensorBoard 以及 check_ouput，通过 Sklearn 导入 train_test_split：

```
import tensorflow as tf
from tensorflow import keras
from tensorflow.keras import layers
from subprocess import check_output
from sklearn.model_selection import train_test_split
```

2）构建模型：

```
cnn_model = tf.keras.Sequential()
cnn_model.add(tf.keras.layers.Conv2D(32,3, 3, input_shape=image_shape,
activation='relu'))
cnn_model.add(tf.keras.layers.Conv2D(64, (3,3), activation='relu'))
cnn_model.add(tf.keras.layers.MaxPooling2D(pool_size = (2, 2)))
cnn_model.add(tf.keras.layers.Dropout(0.25))
cnn_model.add(tf.keras.layers.Flatten())
cnn_model.add(tf.keras.layers.Dense(128, activation = 'relu'))
cnn_model.add(tf.keras.layers.Dropout(0.5))
cnn_model.add(tf.keras.layers.Dense(43, activation = 'sigmoid'))
```

3）编译模型。数据集有 43 个不同类别，可使用 sparse_categorical_crossentropy 损失函数。Adam 优化器适用于稀疏梯度问题，因为其计算效率高，对梯度的任何对角缩放具有不变性，所以其参数几乎不需要调整：

```
cnn_model.compile(loss ='sparse_categorical_crossentropy',
    optimizer=keras.optimizers.Adam(0.001, beta_1=0.9, beta_2=0.999,epsilon=1e-07,
    amsgrad=False),metrics =['accuracy'])
```

4）下面使用 cnn_model.fit() 函数训练模型，批大小设置为 100，训练周期设置为 50：

```
history = cnn_model.fit(X_train_gray_norm,y_train,batch_size=500,nb_epoch=50,
    verbose=1,validation_data =(X_validation_gray_norm,y_validation))
```

5）模型已经开始训练，训练过程如图 7.4 所示。

```
Train on 34799 samples, validate on 4410 samples
Epoch 1/50
34799/34799 [==============================] - 11s 321us/step - loss: 3.3032 - acc: 0.0469 - val_loss: 3.2339 - val_acc:
0.0671
Epoch 2/50
34799/34799 [==============================] - 13s 381us/step - loss: 2.1492 - acc: 0.3623 - val_loss: 1.8857 - val_acc:
0.4859
Epoch 3/50
34799/34799 [==============================] - 15s 419us/step - loss: 1.2375 - acc: 0.6828 - val_loss: 1.4569 - val_acc:
0.5805
Epoch 4/50
34799/34799 [==============================] - 13s 363us/step - loss: 0.9197 - acc: 0.7704 - val_loss: 1.2320 - val_acc:
0.6494
Epoch 5/50
34799/34799 [==============================] - 12s 356us/step - loss: 0.7306 - acc: 0.8225 - val_loss: 1.1188 - val_acc:
0.6957
```

图 7.4　模型训练过程

模型训练完成后，可以查看结果。

7.6　模型准确度

一旦模型训练完成，下一步就是验证模型的准确度。

1）验证模型的准确度如下：

```
score = cnn_model.evaluate(X_test_gray_norm, y_test,verbose=0)
print('Test Accuracy : {:.4f}'.format(score[1]))
```

2）模型的准确度如下：

```
Test Accuracy : 0.9523
```

3）训练与验证损失如下：

```
import matplotlib.pyplot as plt
history_dict = history.history
loss_values = history_dict['loss']
val_loss_values = history_dict['val_loss']
epochs = range(1, len(loss_values)+ 1)
line1 = plt.plot(epochs, val_loss_values, label = 'Validation/TestLoss')
line2 = plt.plot(epochs, loss_values, label= 'Training Loss')
plt.setp(line1, linewidth=2.0, marker = '+', markersize=10.0)
plt.setp(line2, linewidth=2.0, marker= '4', markersize=10.0)
plt.xlabel('Epochs')
plt.ylabel('Loss')
plt.grid(True)
plt.legend()
plt.show()
```

模型训练与测试损失如图 7.5 所示。

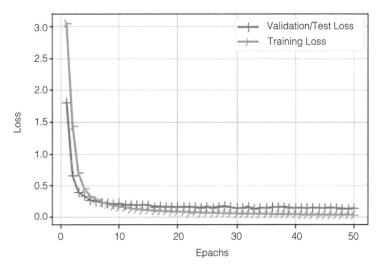

图 7.5　模型训练与测试损失

4）下面查看训练和验证准确度：

```
import matplotlib.pyplot as plt
history_dict = history.history
acc_values = history_dict['acc']
val_acc_values = history_dict['val_acc']
epochs = range(1, len(loss_values)+ 1)
line1 = plt.plot(epochs, val_acc_values, label = 'Validation/TestAccuracy')
line2 = plt.plot(epochs, acc_values, label= 'Training Accuracy')
plt.setp(line1, linewidth=2.0, marker = '+', markersize=10.0)
plt.setp(line2, linewidth=2.0, marker= '4', markersize=10.0)
plt.xlabel('Epochs')
plt.ylabel('Accuracy')
plt.grid(True)
plt.legend()
plt.show()
```

训练和验证准确度如图 7.6 所示。

通过观察图 7.5 和图 7.6，可以确信模型运行得非常好。我们建立了一个准确度为 95% 的交通标志分类器，该模型具有较小的训练损失，不存在过拟合。

5）接下来保存模型：

```
cnn_model.save("./trafficSign.h5")
```

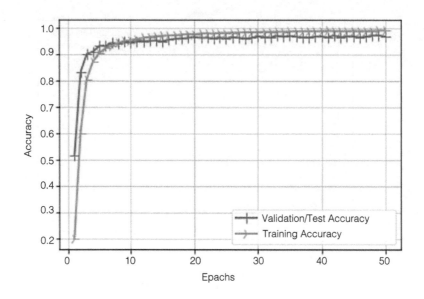

图 7.6　训练和验证准确度

6）然后，我们重新加载模型：

```
from keras.models import load_model
model = load_model('./trafficSign.h5')
```

7）现在可以查看预测效果：

```
for i in range(0,12):
plt.subplot(4,3,i+1)
plt.imshow(X_test_gray_norm[i+10].squeeze(), cmap='gray',interpolation='none')
plt.title("Predicted {}, Class{}".format(predicted_classes[i+10], y_true[i+10]))
plt.tight_layout()
```

模型预测结果如图 7.7 所示。

通过图 7.7 可以查看分类正确和错误的图像。

8）接下来查看混淆矩阵：

```
# 混淆矩阵
import itertools
from sklearn.metrics import confusion_matrix
def plot_confusion_matrix(cm, classes,normalize=False,title='Confusion matrix',
                                              cmap=plt.cm.Blues):
```

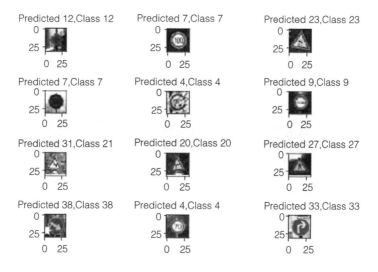

图 7.7　模型预测结果

```
plt.imshow(cm, interpolation='nearest', cmap=cmap)
plt.title(title)
plt.colorbar()
tick_marks = np.arange(len(classes))
plt.xticks(tick_marks, classes, rotation=75)
plt.yticks(tick_marks, classes)
if normalize:
    cm = cm.astype('float') / cm.sum(axis=1)[:, np.newaxis]
thresh = cm.max() / 2.
for i, j in itertools.product(range(cm.shape[0]),range(cm.shape[1])):
    plt.text(j, i, cm[i, j],horizontalalignment="center",
        color="white" if cm[i, j] > thresh else "black")
plt.tight_layout()
plt.ylabel('True label')
plt.xlabel('Predicted label')
class_names = range(43)
cm = confusion_matrix(predictions,y_test)
plt.figure(2)
plot_confusion_matrix(cm, classes=class_names, title='Confusionmatrix')
```

通过输出结果可以看到混淆矩阵是什么样的，如图 7.8 所示。

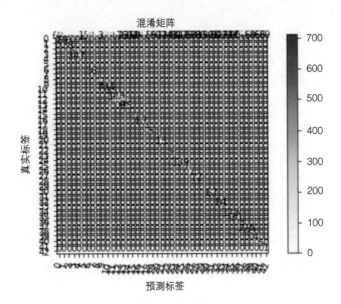

图 7.8　混淆矩阵

至此，我们实现了一个用于德国交通标志分类的 CNN 模型。

7.7　总结

众所周知，对于自动驾驶汽车来说，遵守交通信号非常重要。本章已经实现了 95% 的交通标志检测准确度。这个项目是迈向创建自动驾驶汽车的重要步骤之一。我们成功地创建了一个模型，它可以自动分类交通标志并识别最合适的特征。

第 3 部分
自动驾驶汽车中的语义分割

本部分将介绍语义分割模型的基本结构和工作原理，以及最先进的方法，包括 E-Net、SegNet、PSPNet 和 Deeplabv3+。本部分还将以 E-Net 为例实现自动驾驶汽车的实时语义分割。

本部分包括以下章节：
- 第 8 章　语义分割的原理和基础
- 第 9 章　语义分割的实现

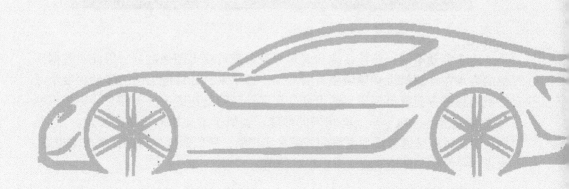

第8章 ▼

语义分割的原理和基础

本章将讨论如何将深度学习和卷积神经网络（Convolutional Neural Networks，CNN）应用于计算机视觉中的语义分割任务。

在自动驾驶汽车（Self-driving Car，SDC）中，车辆必须准确地知道另一辆车在道路上的位置，以及一个人正在穿越道路。语义分割能够进行这些识别。使用 CNN 进行语义分割实际上意味着对图像中的每个像素进行分类。因此，图像分割是在图像中创建一个完全可检测到的对象区域的地图。基本上，所需要的是输出一幅图像，其中每个像素都有与之相关联的语义标签。

例如，语义分割将图像中的所有汽车打上标签，如图 8.1 所示。

图 8.1　语义分割输出图像

由于移动电话、监控系统和汽车等设备都可获得图像数据，因此对数据理解的需求在计算机视觉领域中有所增加。近年来，计算能力的进步使深度学习在视觉理解方面取得了长足的发展。深度神经网络在图像分类和交通标志识别等任务中已经达到了与人类相当的性能，类似于本文第 6 章中的实现。然而，因为提高性能是通过增加网络的规模来实现的，所以深度学习的计算成本很高，大型神经网络在自动驾驶汽车中很难使用。

我们已经知道，自动驾驶系统的第一步是基于感知或视觉输入，即对象识别、对象定位和语义分割。语义分割将图像中的每个像素标记为属于给定语义类别。通常，这些类别可能包括街道、交通标志、道路标记、汽车、行人或人行道等。当我们使用深度学习进行语义分割时，图像中主要对象（如人或车辆）的识别是在神经网络的较高层次进行的。这种策略的最大优点是像素级别的细微变化不会影响识别结果。语义分割需要对通常只出现在较低层的小特征进行像素级的精确分类。

本章主要包含以下主题：

- 语义分割简介。
- 语义分割架构的理解。
- 不同语义分割架构的概述。

8.1 语义分割简介

近年来出现了许多旨在识别汽车周围环境的技术方法。理解汽车周围的场景是分析场景几何和周围相关物体的一个重要研究领域。在图像分类、目标检测和语义分割方面，CNN 被证明是最有效的视觉计算工具。在自动驾驶汽车环境中，为了对给定场景进行像素级理解，做出一些关键决策是至关重要的。语义分割已被证明是为图像中单个像素分配标签的最有效方法之一。

研究人员提出了许多语义像素级标注的方法。一些方法尝试了深度架构的像素级标注，并取得了显著的结果。由于像素级分割提供了更好的性能，因此研究人员开始将这些方法应用于实时自动化系统。驾驶辅助系统为提高驾驶体验提供了各种机会，成了研究的热门领域。通过使用先进驾驶辅助系统（Advanced Driver-Assistance Systems，ADAS）中的语义分割技术，可以提高驾驶员的驾驶性能。

语义分割是将图像的每个像素与类标签相关联的过程，其中类可以是人、街道、公路、天空、海洋或汽车。

语义分割算法包括以下几个步骤：

1）对图像进行划分，并将其归入各种相应的类别。

2）将输入图像中的每个像素与类别标签（如人、树、街道、公路、汽车、公共汽车等）关联起来。

8.2 语义分割架构的理解

语义分割网络通常由一个编码器 - 解码器网络组成。编码器使用卷积来生成高级特征，而解码器通过类别来解释这些高级特征。编码器是一种常见的编码机制，用于预训练的网络，解码器的权重是在训练分割网络时学习到的。图 8.2 所示为基于编码器 - 解码器的全卷积网络（Fully Convolutional Network，FCN）架构，用于语义分割。

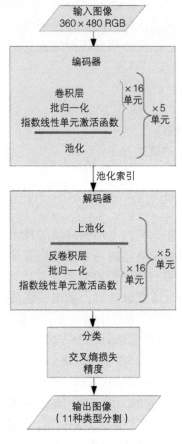

图 8.2　全卷积网络架构

> ⓘ　编码器借助池化层逐渐降低空间维度，而解码器则恢复对象的特征和空间维度。可以在 ECRU 的论文中获取更多关于语义分割的内容：*An Encoder-Decoder-Based Convolution Neural Network(CNN) for Road-Scene Understanding*。

理解语义分割在卷积网络中的工作原理是要点之一。语义分割背后的概念是找到图像中有意义的部分，可以看到属于一个类别的像素与另一个类别的像素之间存在相关性。我们考虑 CNN 的第一层编码。卷积的基本操作是将图像编码为更高级的表示，其思想是将图像表示为部分的组合，例如边缘或梯度。编码特征，如边缘，并不是独立的，实际上还携带着邻域的上下文信息。当我们进行上采样和解码时，这些特征在网络反向传播期间由逐像素映射引导，用相关的类别特征进行解码。

因此，语义分割的主要目标是以一种易于分析的方式表示图像。更准确地说，图像分割是对图像中的每个像素进行标记的过程，使具有相同标签的像素具有相似的特征。

8.3 不同语义分割架构的概述

近年来，有许多用于语义分割的深度学习架构和预训练模型。本节将讨论流行的语义分割架构，包括：

- U-Net。
- SegNet。
- PSPNet。
- DeepLabv3+。
- E-Net。

8.3.1 U-Net

U-Net 在 2015 年国际生物医学成像研讨会（ISBI）上获得了最具挑战性的大挑战赛奖项——咬翼放射片中龋齿的计算机自动检测，并且还在 2015 年的 ISBI 细胞跟踪挑战赛中获胜。

U-Net 是最快、最精确的语义分割架构。在 ISBI 电子显微镜图像神经元结构语义分割挑战赛中，它超越了滑动窗口 CNN 等方法。

在 2015 年的 ISBI 上，U-Net 也在两个非常具有挑战性的透射光显微镜图像中获得了压倒性的胜利，分别是相差显微镜和差分干涉对比显微镜。

U-Net 的主要思想是在普通的收缩网络中添加连续的层，其中上采样操作取代了池化操作。因此，U-Net 的层增加了输出的分辨率。U-Net 中最重要的修改是上采样组件，它包含大量的特征通道，使网络能够将上下文信息传播到更高分辨率的层。

该网络由一个收缩路径和一个扩张路径组成，这赋予了它"U"形的架构。

收缩路径是一个标准的卷积神经网络，由重复的卷积操作、修正线性单元（ReLU）和最大池化操作组成。在收缩过程中，空间信息减少而特征信息增加。

扩张路径通过一系列的拼接操作将来自收缩路径和反卷积层的高分辨率特征结合，以组合空间信息和图像特征。

U-Net 的架构如图 8.3 所示。

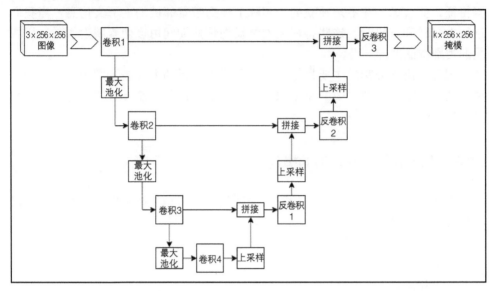

图 8.3　使用 256×256 的图像产生 256×256 的掩模的 U-Net 架构

> *U-Net: Convolutional Networks for Biomedical Image Segmentation* 是 Olaf Ronneberger、Philipp Fischer 和 Thomas Brox 发表的论文。访问下面链接可了解更多细节：https://lmb.informatik.uni-freiburg.de/people/ronneber/u-net/。

8.3.2　SegNet

SegNet 是一种深度编码器 - 解码器架构，用于多类像素级分割，其由英国剑桥大学计算机视觉与机器人小组（http://mi.eng.cam.ac.uk/Main/CVR）的成员研究和开发。

SegNet 架构由一个编码器网络、一个相应的解码器网络和一个最终的像素级分类层组成。它还包括一系列非线性处理层（编码器）和相应的解码器集合，以及像素级分类器。

SegNet 架构如图 8.4 所示。

在图 8.4 的卷积编码器 - 解码器部分，对于左半部分，每一个小模块中包含若干卷积 + 归一化 +ReLU 层和一个池化层；对于右半部分，每一个小模块中包含一个上采样层和若干个卷积 + 归一化 + ReLU 层；模型的最后一层使用 softmax 激活函数。

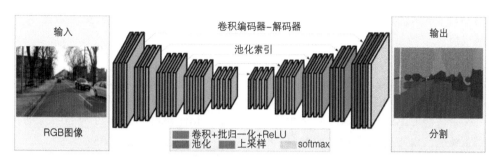

图 8.4　SegNet 架构

编码器通常由一个或多个包含批归一化（Batch Normalization，BN）和 ReLU 激活函数的卷积层组成，并伴随着非重叠的最大池化和子采样。通过池化过程产生稀疏编码，解码器使用编码序列的最大池化索引对该稀疏编码进行上采样。SegNet 使用解码器中的最大池化索引来对低分辨率的特征图进行上采样，其在保留分割图像中的高频细节以及减少解码器中可训练参数的总数方面具有显著的优势。SegNet 使用随机梯度下降来训练网络。

下面将介绍 SegNet 架构的编码器和解码器部分。

1. 编码器

在编码器中执行卷积和最大池化操作，该模型使用了 VGG-16 网络中的 13 个卷积层。在执行 2×2 最大池化操作时存储相应的最大池化索引。

2. 解码器

在解码器中进行上采样和卷积操作，并对最终的每个像素添加 softmax 分类器。在上采样过程中，会基于对应的编码器层的最大池化索引进行上采样。然后，使用 K 个类别的 softmax 分类器对每个像素进行预测。

> ⓘ　*A Deep Convolutional Encoder-Decoder Architecture for Robust Semantic Pixel-Wise Labeling* 是由英国剑桥大学计算机视觉和机器人小组的成员发表的。通过以下链接了解更多详情：http://mi.eng.cam.ac.uk/projects/segnet/。

8.3.3　PSPNet

本小节将介绍金字塔场景解析网络（Pyramid Scene Parsing Network，PSPNet）。

全分辨率残余网络的计算量非常大，在全尺寸图像上使用时速度非常慢。为了解决这个问题，PSPNet 应运而生。它应用了四种不同的最大池化操作，使用四种不同的窗口大小和步长。通过使用多个最大池化层，能够更有效地从不同尺度提取特征信息。

> PSPNet 在各种数据集上取得了最先进的性能。它是在 2016 年的 ImageNet 场景解析挑战赛后流行起来的。它在 PASCAL VOC 2012 基准测试和 Cityscapes 基准测试中分别取得了 mIoU 指标为 85.4% 和 80.2% 的准确度。以下是相关论文的链接：https://arxiv.org/pdf/1612.01105。

PSPNet 架构如图 8.5 所示。

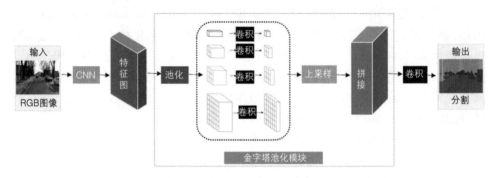

图 8.5　PSPNet 架构

查看 https://hszhao.github.io/projects/pspnet/，可了解更多关于 PSPNet 架构及其实现。

首先，对于给定的输入图像，可使用卷积神经网络提取特征图，然后使用金字塔解析模块获取子区域的不同表示。接着是上采样和拼接层，以形成包含局部和全局上下文信息的最终特征表示。最后将前一层的输出送入卷积层，以获得每个像素的最终预测结果。

8.3.4　DeepLabv3+

本小节将介绍 DeepLabv3+。

DeepLab 是非常先进的语义分割模型。它于 2016 年由 Google 开发并开源。从那时起，已经发布了多个版本，并且对该模型进行了许多改进，包括 Deep-Labv2、DeepLabv3 和 DeepLabv3+。

在 DeepLabv3+ 发布之前，我们能够使用不同速率的滤波器和池化操作对多尺度上下文信息进行编码，而更新的网络可以通过恢复空间信息来捕捉具有更清晰边界的对象。DeepLabv3+ 结合了这两种方法，其同时使用了编码器 - 解码器和空间金字塔池化模块。

DeepLabv3+ 架构如图 8.6 所示，其由编码器和解码器模块组成。

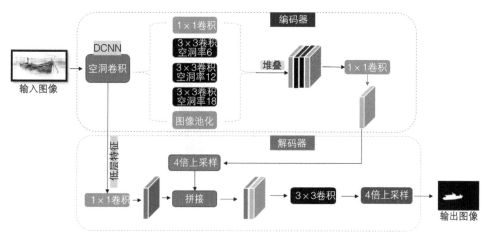

图 8.6　DeepLabv3+ 架构

下面详细地介绍编码器和解码器模块。

* 编码器：在编码器中，使用预训练的卷积神经网络从输入图像中提取关键信息。在图像分割任务中，关键信息是图像中存在的对象及其位置。

* 解码器：从编码器中提取的信息被用于创建一个与原始输入图像尺寸相同的输出。

> 想要了解更多关于 DeepLabv3+ 的信息，可以阅读论文：*Encoder-Decoder with Atrous Separable Convolution for Semantic Image Segmentation*，网址为 https://arxiv.org/pdf/1802.02611。

8.3.5　E-Net

实时像素级语义分割是语义分割在 SDC 中的重要应用之一。尽管语义分割准确度可以很高，但其在 SDC 中部署仍然是一个挑战。本小节介绍一种高效神经网络（Efficient Neural Network, E-Net），旨在运行于低功耗移动设备上，并提高分割准确度。

E-Net 由于能够执行实时像素级语义分割而备受欢迎。相比于现有的模型，如 U-Net 和 SegNet，E-Net 的速度提高了 18 倍，所需的浮点运算数（FLOPs）减少了 75 倍，并且参数数量减少了 79 倍，从而显著提高了性能。E-Net 在流行的 CamVid、Cityscapes 和 SUN 数据集上进行了测试。

E-Net 的架构如图 8.7 所示。

名称	种类	输出维度
初始块		$16 \times 256 \times 256$
瓶颈块1.0	下采样	$64 \times 128 \times 128$
$4 \times$ 瓶颈块1.x		$64 \times 128 \times 128$
瓶颈块2.0	下采样	$128 \times 64 \times 64$
瓶颈块2.1		$128 \times 64 \times 64$
瓶颈块2.2	扩张率2	$128 \times 64 \times 64$
瓶颈块2.3	非对称5	$128 \times 64 \times 64$
瓶颈块2.4	扩张率4	$128 \times 64 \times 64$
瓶颈块2.5		$128 \times 64 \times 64$
瓶颈块2.6	扩张率8	$128 \times 64 \times 64$
瓶颈块2.7	非对称5	$128 \times 64 \times 64$
瓶颈块2.8	扩张率16	$128 \times 64 \times 64$
重复不包括瓶颈层2.0的第2部分		
瓶颈块4.0	上采样	$64 \times 128 \times 128$
瓶颈块4.1		$64 \times 128 \times 128$
瓶颈块4.2		$64 \times 128 \times 128$
瓶颈块5.0	上采样	$16 \times 256 \times 256$
瓶颈块5.1		$16 \times 256 \times 256$
全卷积层		$C \times 512 \times 512$

图 8.7　E-Net 架构

　　该模型是一个框架，包含一个主干和几个分支，这些分支从主干分离出来，但也通过逐元素相加合并回来。模型架构由一个初始块和五个瓶颈块组成。前三个瓶颈块用于对输入图像进行编码，后两个瓶颈块用于解码。下面详细地介绍初始块和瓶颈块。

　　初始块：假设输入图像的分辨率为 512×512。E-Net 架构的初始块如图 8.8 所示，在进行了具有 13 个滤波器的卷积和无重叠的 2×2 最大池化后，将得到一个输出维度为 $16 \times 256 \times 256$ 的结果。

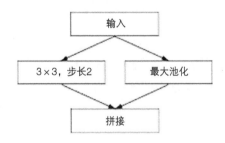

图 8.8　E-Net 架构的初始块

　　瓶颈块：E-Net 架构的瓶颈块如图 8-9 所示，每个分支由三个卷积层组成。两个 1×1 卷积层用于首先降低维度，然后扩展维度。在这些卷积之间，还进行了常规的非对称扩张卷积或全卷积操作，图中没有进行说明。我们还可以看到，在所有卷积之间都存在批归一化和参数化修正线性单元（PReLU）操作。此外，还使用了空间随机失活（Dropout）层。

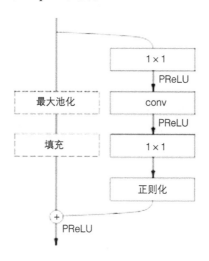

图 8.9　E-Net 架构的瓶颈块

需要注意的是，只有在瓶颈块被下采样时，主干上的最大池化才会使用；同时，分支中的第一个卷积替换为无重叠的 2×2 卷积，并且激活值会进行零填充，以使其与特征图的维度相等。在解码器中，最大反池化替代了最大池化，并进行不包含偏置项的空间卷积操作。

> ⓘ 可以在 Adam Paszke、Abhishek Chaurasia、Sangpil Kim 和 Eugenio Culurciello 写的论文中了解更多关于 E-Net 的信息：*ENet: A Deep Neural Network Architecture for Real-Time Semantic Segmentation*。访问下面链接可获取更多信息：https://openreview.net/forum?id=HJy_5Mcll。

8.4　总结

本章介绍了语义分割在自动驾驶汽车领域的重要性，还概述了几种与语义分割相关的热门深度学习架构：U-Net、SegNet、PSPNet、DeepLabv3+ 和 E-Net。

第9章 ▼

语义分割的实现

深度学习在计算机视觉领域具有很高的准确性，特别是在目标检测方面。在过去，分割图像是通过将图像划分为抓取剪切、超像素和图形切割来完成的。传统方法的主要问题是算法无法识别图像的各个部分。

语义分割算法旨在将图像划分为相应的类别。它们将输入图像中的每个像素与一个类别标签关联起来，如人、树、街道、公路、汽车、公共汽车等。语义分割算法具有动态性，并且有许多应用场合，包括自动驾驶汽车（Self-Driving Car，SDC）。

本章将介绍如何使用 OpenCV、深度学习和 E-Net 架构进行语义分割。另外，还介绍了如何使用 OpenCV 将语义分割应用于图像和视频。

本章主要包含以下主题：
- 图像中的语义分割。
- 视频中的语义分割。

9.1 图像中的语义分割

本节将使用一个名为 E-Net 的流行网络来实现一个关于语义分割的项目。

高效神经网络（E-Net）是目前比较受欢迎的网络之一，它能够进行实时的像素级语义分割。与其他网络相比，E-Net 的速度提高了 18 倍，所需的浮点运算数（FLOPs）减少了 75 倍，并且参数数量减少了 79 倍。这意味着 E-Net 比其他现有模型（如 U-Net 和 SegNet）具有更好的性能。E-Net 通常在 CamVid、CityScapes 和 SUN 数据集上进行测试。该模型的大小为 3.2 MB。

我们使用的模型已经在 20 个类别上进行了训练：
- 公路（Road）。
- 人行道（Sidewalk）。
- 建筑（Building）。
- 墙壁（Wall）。
- 栅栏（Fence）。
- 立柱（Pole）。

- 红绿灯（TrafficLight）。
- 交通标志（TrafficSign）。
- 植物（Vegetation）。
- 地面（Terrain）。
- 天空（Sky）。
- 人（Person）。
- 骑车的人（Rider）。
- 汽车（Car）。
- 载货汽车（Truck）。
- 公共汽车（Bus）。
- 列车（Train）。
- 摩托车（Motorcycle）。
- 自行车（Bicycle）。
- 未标记（Unlabeled）。

本节将从语义分割项目开始介绍。

1）首先，我们将导入必要的包和库，例如 NumPy、OpenCV 和 Argparse：

```
import argparse
import cv2
import numpy as np
import imutils
import time
```

2）接下来读取输入图像样本，调整图像的大小，并从样本图像中构造一个 blob 对象：

```
start = time.time()
SET_WIDTH = int(600)
normalize_image = 1 / 255.0
resize_image_shape = (1024, 512)
sample_img = cv2.imread('./images/example_02.jpg')
sample_img = imutils.resize(sample_img, width=SET_WIDTH)
blob_img = cv2.dnn.blobFromImage(sample_img, normalize_image,
    resize_image_shape, 0, swapRB=True, crop=False)
```

3）然后从磁盘加载序列化的 E-Net 模型：

```
print("[INFO] loading model...")
cv_enet_model = cv2.dnn.readNet('./enet-cityscapes/enet-model.net')
```

4）现在，我们使用分割模型执行正向传播：

```
cv_enet_model.setInput(blob_img)
cv_enet_model_output = cv_enet_model.forward()
```

5）加载类的名称标签：

```
label_values = open('./enet-cityscapes/enet-classes.txt').read().strip().split("\n")
```

6）下面的代码将推断总类别数量，以及掩模图像的空间维度：

```
IMG_OUTPUT_SHAPE_START =1
IMG_OUTPUT_SHAPE_END =4
(classes_num, h, w) =
cv_enet_model_output.shape[IMG_OUTPUT_SHAPE_START:
    IMG_OUTPUT_SHAPE_END]
```

输出的类别 ID 图将具有类别数量 × 高度 × 宽度的尺寸。因此，我们使用 argmax() 函数找到每个 (x, y) 坐标上具有最高概率的类别标签。

```
class_map = np.argmax(cv_enet_model_output[0], axis=0)
```

7）如果已经有一个颜色文件，则可以从磁盘上加载它，否则需要为每个类别随机生成 RGB 颜色。下面初始化一个颜色列表来表示每个类别：

```
if os.path.isfile('./enet-cityscapes/enet-colors.txt'):
    CV_ENET_SHAPE_IMG_COLORS =
        open('./enet-cityscapes/enet-colors.txt').read().strip().split("\n")
    CV_ENET_SHAPE_IMG_COLORS = [np.array(c.split(",")).astype("int") for c in
        CV_ENET_SHAPE_IMG_COLORS]
    CV_ENET_SHAPE_IMG_COLORS = np.array(CV_ENET_SHAPE_IMG_COLORS,
        dtype="uint8")
else:
    np.random.seed(42)
    CV_ENET_SHAPE_IMG_COLORS = np.random.randint(0, 255,
        size=(len(label_values)−1, 3), dtype="uint8")
    CV_ENET_SHAPE_IMG_COLORS = np.vstack([[0, 0, 0],
        CV_ENET_SHAPE_IMG_COLORS]).astype("uint8")
```

8）现在将每个类 ID 映射到给定的类 ID：

```
mask_class_map = CV_ENET_SHAPE_IMG_COLORS[class_map]
```

9）调整掩模和类别图的尺寸，使其与输入图像的原始尺寸相匹配：

```
mask_class_map = cv2.resize(mask_class_map, (sample_img.shape[1],sample_img.shape[0]),
    interpolation=cv2.INTER_NEAREST)
class_map = cv2.resize(class_map, (sample_img.shape[1],sample_img.shape[0]),
    interpolation=cv2.INTER_NEAREST)
```

10）对输入图像和掩模进行加权组合，从而形成可视化输出，即使用掩模对图像进行滤波。卷积掩模中的权重之和会影响最终图像的整体强度。卷积掩模的权重之和可以为 1 或 0，这里选择了 0.4 与 0.6 的和，即 1。使用具有负权重的掩模可能会生成具有负值的像素。

```
cv_enet_model_output = ((0.4 * sample_img) + (0.6 *mask_class_map)).astype("uint8")
```

11）然后，我们初始化图例的可视化：

```
my_legend = np.zeros((((len(label_values) * 25) + 25, 300, 3),dtype="uint8")
```

12）循环遍历类别名字和颜色，从而在图例上完成绘制：

```
for (i, (class_name, img_color)) in enumerate(zip(label_values,
                                CV_ENET_SHAPE_IMG_COLORS)):
    # 在图例上绘制类别名字和颜色
    color_info = [int(color) for color in img_color]
    cv2.putText(my_legend, class_name, (5, (i * 25) + 17),
            cv2.FONT_HERSHEY_SIMPLEX, 0.5, (0, 0, 255), 2)
    cv2.rectangle(my_legend, (100, (i * 25)), (300, (i * 25) + 25), tuple(color_info), −1)
```

13）现在，我们可以显示输入和输出图像：

```
cv2.imshow("My_Legend", my_legend)
cv2.imshow("Img_Input", sample_img)
cv2.imshow("CV_Model_Output", cv_enet_model_output)
cv2.waitKey(0)
end = time.time()
```

14）之后，我们可以显示推理所花费的时间：

```
print("[INFO] inference took {:.4f} seconds".format(end - start))
```

语义分割过程的图例如图 9.1 所示。
模型的输入图像如图 9.2 所示。

图 9.1　语义分割过程的图例　　　　　　图 9.2　模型的输入图像

输出图像如图 9.3 所示。

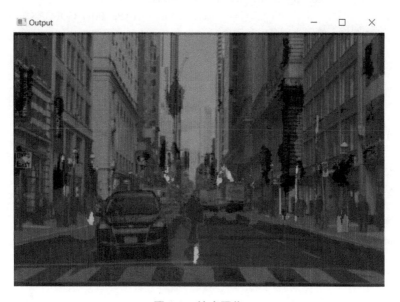

图 9.3　输出图像

在图 9.3 中，可以观察到分割结果，人、汽车、人行道、建筑被分割为了不同的颜色。读者可以尝试将其应用到包含各种物体的图像上。

9.2　视频中的语义分割

本节将使用 OpenCV 和 E-Net 模型编写一个软件流程，以实现对视频进行语义分割。

1）导入必要的包，例如 NumPy、Imutils 和 OpenCV：

```
import os
import time
import cv2
import imutils
import numpy as np
DEFAULT_FRAME = 1
WIDTH = 600
```

2）然后，加载类别标签名字：

```
class_labels = open('./enet-cityscapes/enet-classes.txt').read().strip().split("\n")
```

3）如果已经提供了颜色文件，则可以从磁盘加载它，否则需要为每个类别创建 RGB 颜色：

```
if os.path.isfile('./enet-cityscapes/enet-colors.txt'):
    CV_ENET_SHAPE_IMG_COLORS =
        open('./enet-cityscapes/enet-colors.txt').read().strip().split("\n")
    CV_ENET_SHAPE_IMG_COLORS = [np.array(c.split(",")).astype("int") for c in
        CV_ENET_SHAPE_IMG_COLORS]
    CV_ENET_SHAPE_IMG_COLORS = np.array(CV_ENET_SHAPE_IMG_COLORS,
        dtype="uint8")
else:
    np.random.seed(42)
    CV_ENET_SHAPE_IMG_COLORS = np.random.randint(0, 255,
        size=(len(class_labels)−1, 3), dtype="uint8")
    CV_ENET_SHAPE_IMG_COLORS = np.vstack([[0, 0, 0],
        CV_ENET_SHAPE_IMG_COLORS]).astype("uint8")
```

4）现在加载模型：

```
print("[INFO] loading model...")
cv_enet_model = cv2.dnn.readNet('./enet-cityscapes/enet-model.net')
```

5）下面初始化视频流，以便输出视频文件：

```
sample_video = cv2.VideoCapture('./videos/toronto.mp4')
sample_video_writer = None
```

6）现在，我们需要尝试确定视频文件中的总帧数：

```
try:
    prop = cv2.cv.CV_CAP_PROP_FRAME_COUNT if imutils.is_cv2() \
        else cv2.CAP_PROP_FRAME_COUNT
    total_time = int(sample_video.get(prop))
    print("[INFO] {} total_time video_frames invideo".format(total_time))
```

7）如果在确定视频帧数时发生任何错误，则需要编写异常处理部分：

```
except:
    print("[INFO] could not determine # of video_frames in video")
    total_time = −1
```

8）在以下代码块中，循环遍历视频文件流中的帧，并从文件中读取下一帧。如果无法获取帧，则表示已经到达文件流的末尾：

```
while True:
    (grabbed, frame) = sample_video.read()
    if not grabbed:
        break
```

9）以下代码通过视频帧构建一个 blob 对象，并使用分割模型进行正向传播：

```
normalize_image = 1 / 255.0
resize_image_shape = (1024, 512)
video_frame = imutils.resize(video_frame, width=SET_WIDTH)
blob_img = cv2.dnn.blobFromImage(video_frame, normalize_image, resize_image_shape, 0,
    swapRB=True, crop=False)
cv_enet_model.setInput(blob_img)
start = time.time()
cv_enet_model_output = cv_enet_model.forward()
end = time.time()
```

10）现在，我们可以通过输出数组的维度来推断所有类别以及掩模图像的空间维度：

```
(classes_num, h, w) = cv_enet_model_output.shape[1:4]
```

这里，输出类别 ID 图的尺寸为类别数量 × 高度（x）× 宽度（y），可使用 argmax() 函数来找到图像中每个坐标（x, y）最可能的类别标签：

```
class_map = np.argmax(enet_output[0], axis=0)
```

11）获取类别 ID 图后，可以将每个类别 ID 映射到其对应的颜色编码：

```
mask_class_map = CV_ENET_SHAPE_IMG_COLORS[class_map]
```

12）调整掩模的尺寸，使其与输入帧的原始尺寸相匹配：

```
mask_class_map = cv2.resize(mask_class_map, (video_frame.shape[1],
    video_frame.shape[0]), interpolation=cv2.INTER_NEAREST)
```

13）对输入帧和掩模进行加权组合，以形成可视化输出效果：

```
cv_enet_model_output = ((0.3 * video_frame) + (0.7 *mask_class_map)).
    astype("uint8")
```

14）现在，检查视频写入器是否为 None。如果写入器为 None，则需要初始化视频写入器：

```
if sample_video_writer is None:
    fourcc_obj = cv2.VideoWriter_fourcc(*"MJPG")
    sample_video_writer =cv2.VideoWriter('./output/output_toronoto.avi', fourcc_obj, 30,
        (cv_enet_model_output.shape[1],cv_enet_model_output.shape[0]), True)
    if total_time > 0:
        execution_time = (end - start)
        print("[INFO] single video_frame took {:.4f} seconds".format(execution_time))
        print("[INFO] estimated total_time time: {:.4f}".format(execution_time * total_time))
```

15）以下代码可以将输出帧写入磁盘：

```
sample_video_writer.write(cv_enet_model_output)
```

16）以下代码用于验证是否应该将输出帧显示在屏幕上：

```
if DEFAULT_FRAME > 0:
    cv2.imshow("Video Frame", cv_enet_model_output)
    if cv2.waitKey(0) & 0xFF == ord('q'):
        break
```

17）释放文件指针并查看输出视频：

```
print("[INFO] cleaning up...")
```

```
sample_video_writer.release()
sample_video.release()
```

图 9.4 所示为输出视频。

图 9.4 输出视频

通过结果可以看出 E-Net 架构的性能非常好。读者还可以使用不同的视频和图像测试模型。该模型能够以很高的准确度对视频和图像进行分割。将该架构应用于自动驾驶汽车中有助于汽车进行实时目标检测。

9.3 总结

本章介绍了如何使用 OpenCV、深度学习和 E-Net 架构进行语义分割，使用在 Cityscapes 数据集上预训练的 E-Net 模型，对图像和视频流进行语义分割。在自动驾驶汽车和道路场景分割的情境中，有 20 个类别，包括车辆、行人和建筑等。本章分别实现了对一张图像和一个视频进行语义分割，可以看出 E-Net 在视频和图像分割上都有很好的性能。语义分割可以帮助车辆实时检测不同类型的物体，并确保车辆知道准确的驾驶路线，这将为实现自动驾驶汽车做出重要贡献。

第 4 部分
高级功能实现

这一部分包括两个重要且先进的实时自动驾驶汽车项目。首先进行行为克隆项目，并在虚拟模拟器中进行测试。然后使用 OpenCV 和 YOLO 深度学习架构实现车辆检测。第 12 章将概述传感器融合，并介绍接下来的学习方向。

该部分包括以下章节：

第10章 ▼

基于深度学习的行为克隆

　　行为克隆是一种在计算机程序中识别和复制人类亚认知能力的方法。例如，一个人执行驾驶车辆等任务，通过记录其行动和环境，将这些记录的日志输入学习算法中。然后，学习算法生成一系列规则，复制人类的行为，这就是所谓的行为克隆。这种方法可用于构建复杂任务的自动控制系统，而传统的控制理论是不够的。

　　本章将实现行为克隆，需要训练一个神经网络，根据来自不同摄像头的拍摄图像来预测车辆的转向角度。本章在模拟器中实现自动驾驶汽车，这种实现的灵感来自 NVIDIA 的一篇名为 *End to EndLearning* 的研究论文。该模拟器由 3 个摄像头组成，记录中心、左侧和右侧的图像，这些图像与转向角度、速度、节气门和制动相关联。可以通过以下网址阅读更多关于 NVIDIA 论文的信息：https://arxiv.org/abs/1604.07316。

　　这里，我们训练的神经网络以摄像头图像为输入，并输出转向角度。这是一个回归问题，因此本章将从学习用于回归的神经网络开始，然后到行为克隆深度学习方法深入。

> 根据 1990 年由 Michie、Bain 和 Hayes-Michie 发表的论文 *Cognitive models from subcognitive skills*，行为克隆是一种模仿学习技术，其主要动机是创建人类在执行复杂技能时的行为模型。来源：https://pascal-francis.inist.fr/vibad/index.php?action=getRecordDetail&idt=5218570。

本章主要包含以下主题：
- 回归神经网络。
- 使用深度学习进行行为克隆。

10.1　回归神经网络

　　到目前为止，我们只学习了用于分类问题的神经网络。但是在本章中，我们将学习有关行为克隆的最重要的主题之一：回归神经网络。分类问题的主要目标是将不同类的物体进行分组，并预测每组的类别。例如，猫和狗是两个不同的类别。

这里，我们研究一个回归示例，使用线性回归预测基于自变量（x）和因变量（y）之间关系的连续值。一般来说，线性回归可以预测连续谱上的值，而不是离散的类别。

线性回归图如图 10.1 所示。

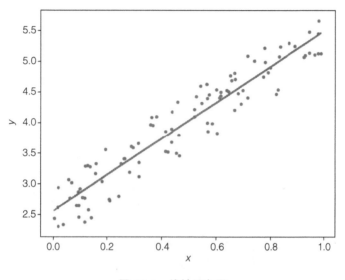

图 10.1　线性回归图

线性回归是最简单的回归形式，其目标是找到通过斜率和 y 轴截距进行参数化的直线，以实现训练数据和被训练网络的最佳拟合。然后，网络能够对未标记的测试输入进行预测。

下面将训练一个神经网络来执行线性回归，通过最小化网络在数据集上的损失来实现这一点。神经网络的损失函数是均方误差（Mean Squared Error，MSE），其将在以下步骤的第 4）步中介绍。接下来介绍创建回归神经网络的过程，并使用 Keras 进行实现。

1）首先，需要导入 NumPy、Matplotlib 和 Keras 库：

```
import numpy as np
import matplotlib.pyplot as plt
import tensorflow as tf
from tensorflow import keras
from tensorflow.keras import layers
```

我们将训练神经网络以使其拟合非线性数据。首先，通过声明 500 个点设置该非线性数据，使这些数据形成一条简单的正弦曲线。可以通过将因变量（y）设置为对应自变量（x）的正弦值来获得这条曲线。使用 np.random.uniform() 给数据添加噪声，其能够获取一个随机值，该值被指定为 −0.5 ~ 0.5 的范围。

2）之后，可以训练一个神经网络，以得到能够拟合这些数据的模型：

```
np.random.seed(0)
points = 500
X = np.linspace(−3, 3, points)
y = np.sin(X) + np.random.uniform(−0.5, 0.5, points)
plt.scatter(X,y)
```

输出如图 10.2 所示。

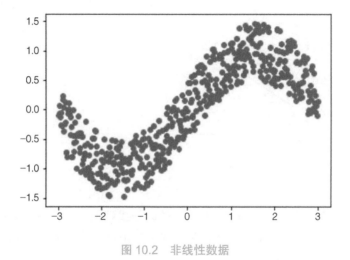

图 10.2　非线性数据

3）现在使用 Keras 定义神经网络架构：

```
model = tf.keras.Sequential()
model.add(tf.keras.layers.Dense(50, activation='sigmoid',input_dim=1))
model.add(tf.keras.layers.Dense(30, activation='sigmoid'))
model.add(tf.keras.layers.Dense(1))
```

4）在接下来的步骤中，使用 Adam 优化器编译模型并运行。损失函数使用 MSE，其测量了误差平方的平均值，即预测值与实际值之间的平均平方差。

MSE 的计算公式如下：

$$MSE = \frac{1}{n}\sum_{i=1}^{N}(Y_i - \hat{Y}_i)^2$$

其中：

- Y_i 是实际值；
- $\hat{Y}_i$ 是预测值；
- n 是所有变量数据点。

5）在下面的代码中，指定学习率为 0.01，损失函数为 MSE，迭代周期为 50，优化器为 Adam：

```
adam = Adam(lr=0.01)
model.compile(loss='mse', optimizer=adam)
model.fit(X, y, epochs=50)
```

6）模型已经训练完成，下面开始预测：

```
predictions = model.predict(X)
plt.scatter(X, y)
plt.plot(X, predictions, 'ro')
plt.show()
```

回归的预测值如图 10.3 所示。

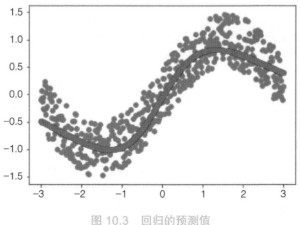

图 10.3　回归的预测值

在图 10.3 中，模型估计了每个 x 坐标对应的 y 坐标的值，从而显示了经过训练以拟合所给数据的模型。现在我们对回归问题有了一定的了解，可以进入本书"最激动人心"的部分，即开始构建自动驾驶汽车（Self-Driving Car，SDC）。在这个回归问题中，我们将训练神经网络，使其拟合所给的非线性数据。

接下来进行行为克隆过程。我们已经完成了开始实施行为克隆的所有必要步骤。在行为克隆中，我们将模拟一个功能齐全的 SDC。这将是本章最具挑战性但也是最令人兴奋的部分，因为我们将结合并应用本书中迄今为止学到的很多知识。

10.2　使用深度学习进行行为克隆

本节将专注于一种非常有用的技术，即行为克隆。本章内容相对密集，将结合我们在本书中讨论过的很多技术，如深度学习、图像特征提取、卷积神经网络（CNN）和连续型回归等。

本节遵循以下步骤：

1）从 Udacity 下载一个开源的 SDC 模拟器。

2）在模拟器中以手动模式驾驶汽车，收集训练数据。训练数据由汽车周围环境图像和转向角度组成。

3）使用各种 OpenCV 技术处理收集的数据集。

4）训练一个卷积神经网络模型。

5）在 Udacity 模拟器的自主模式下评估模型。

这个项目并不容易，因为它涉及复杂的深度学习技术和图像预处理技术。因此，本书进行了结构化设计，使读者掌握完成这个项目所需的必要知识。在前面章节学到的知识，现在可以应用到这个具有挑战性的任务中。

接下来从收集数据开始，之后将使用这些数据训练深度学习模型。

10.2.1　数据收集

本小节将下载一个模拟器，以开始行为克隆过程。使用键盘在模拟器中驾驶汽车，能够训练一个卷积神经网络来监控车辆的控制操作和移动。根据用户的驾驶方式，神经网络将模仿该驾驶方式，然后在自动驾驶模式下独立驾驶。神经网络驾驶汽车的好坏取决于用户在模拟器中的驾驶情况。

我们使用一个开源的模拟器，其可以在 GitHub 上找到：https://github.com/udacity/self-driving-car-sim。还有其他模拟器可以使用，比如 AirSim（https://github.com/microsoft/AirSim），它是另一个基于 Unreal Engine 的开源自动驾驶汽车模拟器。

模拟器有两个版本，我们将选择版本 1。首先确保下载了正确的文件，即与正在使用的计算机兼容的文件。下载完成后，确保解压该文件。完成后，会弹出一个窗口。通过这个窗口可以启动模拟器，并将屏幕分辨率设置为 800×600 图像，将图形质量设置为 "fastest"，这样可以获得最佳的体验。当单击 "Play" 按钮时，会出现一个窗口，里面有两个选项："TRAINING MODE（训练模式）" 和 "AUTONOMOUS MODE（自主模式）"。

TRAINING MODE 指用户自己驾驶汽车，收集训练数据，用这些数据来训练模型。其能够训练神经网络来模仿人类的行为。AUTONOMOUS MODE 是指测试神经网络，使其自己驾驶汽车。

TRAINING MODE 和 AUTONOMOUS MODE 选项如图 10.4 所示。

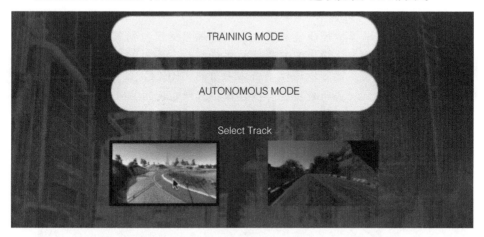

图 10.4　TRAINING MODE 和 AUTONOMOUS MODE

在收集训练数据之后，我们将在平坦的跑道上驾驶汽车，并测试汽车在同一道路上自主驾驶的准确性。之后，我们将在第二条跑道上进行测试，该跑道由更陡峭的山丘组成，地形更加崎岖。

图 10.5 所示为运行中的 Udacity 模拟器。

图 10.5　Udacity 模拟器

基于图 10.5，下面将执行以下操作来完成数据收集过程：

1）首先，在模拟器中选择训练模式。

2）然后，由用户驾驶汽车，其非常类似于玩电子游戏，使用键盘上的方向键控制汽车，向上键控制前进，左右键控制方向，向下键控制倒车。

> **TIP** 在使用汽车模拟器收集数据之前，先练习使用控制器；任何不好的驾驶行为都会导致错误的数据，从而得到一个不好的模型。一旦我们熟悉了模拟器的控制，就可以通过单击右上角的"RECORD"按钮（如图 10.6 所示）收集数据。收集的数据将存储在模拟器所在的用户目录中。

图 10.6 所示为录制模式下的模拟器。

图 10.6　录制模式

我们还可以将数据保存在当前位置，也就是模拟器所在的位置。一旦完成，就在跑道上大约驾驶三圈。这三圈将为我们提供足够的数据，以供模型训练使用。跑道的结构设计能够测试神经网络克服急转弯的能力。

> ⓘ 跑道的不同部分具有不同的纹理、边缘和边界。整个跑道有不同的曲率、布局和景观。所有这些都是不同的特征，将通过卷积神经网络提取，并通过基于回归的算法与相应的转向角相关联。

我们的目标是创建一个有效的神经网络模型，使汽车保持在道路的中心行驶。因此，在模拟器中转弯时，尽量保持靠近道路中心线。即使汽车突然改变方向，也要试着调整转向以回到跑道的中间。需要注意的是，汽车自主驾驶的能力取决于驾驶者的行为。

完成三圈驾驶后，可以反向行驶几圈，以收集更多有助于模型泛化的数据。向相反方向行驶的原因是确保数据的平衡性。此外，模拟器中的跑道有更多的左转弯，从而导致其偏向左侧。这意味着，在正向行驶时，大部分时间都在向左转向，所以只在一个方向上驾驶汽车会使数据偏向一侧。

另一种消除数据不平衡的方法是翻转图像。在本节后面的部分中，将给出更好的数据平衡可视化资料。

我们已经知道，如果训练集和验证集上的 MSE 都很高，那么模型面临欠拟合问题。然而，如果训练集上的 MSE 较低，但验证集上较高，则说明模型存在过拟合问题。在这种情况下，增大数据集可以帮助改善模型。

在其他情况下可能会发现，测试模型时，每当遇到转弯，汽车就会偏离轨道。为此，可以选择通过重新记录特定的转弯来添加更具体和有用的数据，从而为模型提供更多的转弯数据。汽车配备了三个摄像头：一个安装在左侧，一个安装在中间，最后一个安装在风窗玻璃的右侧。模拟器会在用户驾驶汽车并选择记录时收集转向角度、速度、节气门开度和制动踏板角度的值。

一旦数据收集完成，就能够得到一个包含所有图像数据和驾驶记录帧的文件夹，以及一个 CSV 文件。该 CSV 文件包含了记录图像的日志，第一列包含了与中间摄像头拍摄的图像、其邻近的摄像头拍摄的图像、安装在风窗玻璃左侧的摄像头拍摄的图像以及安装在风窗玻璃右侧的摄像头拍摄的图像相关的数据。所有这些图像都是在一个特定的时间点拍摄的，每组图像都对应一个特定的转向角度、节气门开度、制动踏板压力和速度。现在，所有这些额外的信息都是很好的，但是转向角度是唯一需要预测的信息，以确保汽车知道如何转向。这些预测是基于图像进行的，因为图像包含了与特定转向角相对应的特征。其他先进的模型也会利用节气门开度和制动踏板角度，但就目的而言，我们只关注转向角度，其对应着从 −1~1 之间的不同弧度值。

训练数据集中，每组图像都有一个标记的转向角度，其能够帮助网络学习每组图像和转向角度之间的特征。当道路是笔直的时候，转向角度很可能是零；当道路向左弯曲时，转向角度为负，表示左转；而当道路向右弯曲时，转向角度为正，表示右转。

我们使用训练数据来训练神经网络，以预测合适的汽车转向角度，从而为测试汽车的自动驾驶做好准备。

总的来说，这不是一个分类问题，而是一个基于回归的问题，因为其试图根据一个连续的谱来预测转向角度。为此，本章首先介绍了回归问题示例。通常情况下，卷积神经网络会用于分类任务。

接下来，打开一组图像，并说明它们的拍摄时间或时间戳。注意，这里有三张相同的图像，每张图像都是从不同的视角拍摄的。这种利用三个摄像头的方法是由 NVIDIA 提出的，有助于在收集更多相同场景的样本时提高模型的泛化能力。

图 10.7 所示为由模拟器中不同摄像头拍摄的图像。

图 10.7　模拟器中不同摄像头拍摄的图像

CSV 文件如图 10.8 所示。

8	C:\Users\	C:\Users\	C:\Users\	0	0	0	15.64832
9	C:\Users\	C:\Users\	C:\Users\	0	0	0	15.47731
10	C:\Users\	C:\Users\	C:\Users\	0	0	0	15.85111
11	C:\Users\	C:\Users\	C:\Users\	0	0	0	15.17079
12	C:\Users\	C:\Users\	C:\Users\	0	0	0	14.98707
13	C:\Users\	C:\Users\	C:\Users\	0	0	0	15.35287
14	C:\Users\	C:\Users\	C:\Users\	0	0	0	14.68478
15	C:\Users\	C:\Users\	C:\Users\	0	0.105303	0	15.05394
16	C:\Users\	C:\Users\	C:\Users\	0	0.387209	0	14.7339
17	C:\Users\	C:\Users\	C:\Users\	0	0.758071	0	15.56607

图 10.8　CSV 文件

10.2.2　数据准备

本小节将进行数据准备。数据准备是任何深度学习项目中最重要的步骤之一，因为它对模型性能具有很大影响。在运行深度学习模型之前必须准备好数据。

接下来从探索数据开始，然后使用第 4 章中介绍的计算机视觉技术处理数据。

1）首先添加必要的库，包括 NumPy、Pandas 和 Keras，如下面的代码所示：

```
import numpy as np
import matplotlib.pyplot as plt
import keras
```

```
from keras.models import Sequential
from keras.optimizers import Adam
from keras.layers import Convolution2D, MaxPooling2D, Dropout,Flatten, Dense
import cv2
import pandas as pd
import random
import os
import ntpath
from sklearn.utils import shuffle
from sklearn.model_selection import train_test_split
import matplotlib.image as mpimg
from imgaug import augmenters as iaa
```

2）接着初始化存储训练图像和驾驶日志的文件夹名称，以及加载驾驶日志文件的列名。然后，使用 Pandas 库读取带有特定列的驾驶日志文件：

```
datadir = 'track'
columns = ['center', 'left', 'right', 'steering', 'throttle','reverse', 'speed']
data = pd.read_csv(os.path.join(datadir, 'driving_log.csv'), names= columns)
pd.set_option('display.max_colwidth', −1)
data.head()
```

上述代码的输出如图 10.9 所示。

	left		right	steering	throttle	reverse	speed
<top\new_track\IMG\left_2018_07_16_17_11_43_382.jpg	C:\Users\Amer\Desktop\new_track\IMG\right_2018_07_16_17_11_43_382.jpg		0.0	0.0	0.0	0.649786	
<top\new_track\IMG\left_2018_07_16_17_11_43_670.jpg	C:\Users\Amer\Desktop\new_track\IMG\right_2018_07_16_17_11_43_670.jpg		0.0	0.0	0.0	0.627942	
<top\new_track\IMG\left_2018_07_16_17_11_43_724.jpg	C:\Users\Amer\Desktop\new_track\IMG\right_2018_07_16_17_11_43_724.jpg		0.0	0.0	0.0	0.622910	
<top\new_track\IMG\left_2018_07_16_17_11_43_792.jpg	C:\Users\Amer\Desktop\new_track\IMG\right_2018_07_16_17_11_43_792.jpg		0.0	0.0	0.0	0.619162	
<top\new_track\IMG\left_2018_07_16_17_11_43_860.jpg	C:\Users\Amer\Desktop\new_track\IMG\right_2018_07_16_17_11_43_860.jpg		0.0	0.0	0.0	0.615438	

图 10.9　驾驶日志

3）下面的模块在 Windows 平台上提供了 os.path 的功能，ntpath.split() 函数在删除位置详细信息后，提供文件名和文件夹路径：

```
def path_leaf(path):
    # : 该模块在 Windows 平台上提供了 os.path 的功能
    # : ntpath.split() 提供了文件名和文件夹路径
    head, tail = ntpath.split(path)
    return tail
data['center'] = data['center'].apply(path_leaf)
data['left'] = data['left'].apply(path_leaf)
data['right'] = data['right'].apply(path_leaf)
data.head()
```

输出文件如图 10.10 所示。

	center	left	right	steering	throttle	reverse	speed
0	center_2018_07_16_17_11_43_382.jpg	left_2018_07_16_17_11_43_382.jpg	right_2018_07_16_17_11_43_382.jpg	0.0	0.0	0.0	0.649786
1	center_2018_07_16_17_11_43_670.jpg	left_2018_07_16_17_11_43_670.jpg	right_2018_07_16_17_11_43_670.jpg	0.0	0.0	0.0	0.627942
2	center_2018_07_16_17_11_43_724.jpg	left_2018_07_16_17_11_43_724.jpg	right_2018_07_16_17_11_43_724.jpg	0.0	0.0	0.0	0.622910
3	center_2018_07_16_17_11_43_792.jpg	left_2018_07_16_17_11_43_792.jpg	right_2018_07_16_17_11_43_792.jpg	0.0	0.0	0.0	0.619162
4	center_2018_07_16_17_11_43_860.jpg	left_2018_07_16_17_11_43_860.jpg	right_2018_07_16_17_11_43_860.jpg	0.0	0.0	0.0	0.615438

图 10.10　使用图像名字的驾驶日志

4）现在初始化 num_bins，其通常指代变量的连续、非重叠区间。下面对数据进行可视化，并查看其分布情况。

```
num_bins = 25
samples_per_bin = 400
hist, bins = np.histogram(data['steering'], num_bins)
center = (bins[:−1]+ bins[1:]) * 0.5
plt.bar(center, hist, width=0.05)
plt.plot((np.min(data['steering']), np.max(data['steering'])),(samples_per_bin,
    samples_per_bin))
```

输出如图 10.11 所示。

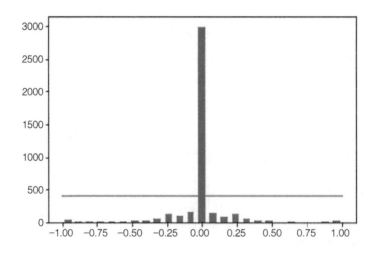

图 10.11　转向角度可视化

5）可以看到数据在 0 角度上有更多的数据点，下面取最多 400 个数据点并绘制它们：

```
print('total data:', len(data))
remove_list = []
for j in range(num_bins):
    list_ = []
    for i in range(len(data['steering'])):
        if data['steering'][i] >= bins[j] and data['steering'][i] <= bins[j+1]:
            list_.append(i)
    list_ = shuffle(list_)
    list_ = list_[samples_per_bin:]
    remove_list.extend(list_)
print('removed:', len(remove_list))
data.drop(data.index[remove_list], inplace=True)
print('remaining:', len(data))
hist, _ = np.histogram(data['steering'], (num_bins))
plt.bar(center, hist, width=0.05)
plt.plot((np.min(data['steering']), np.max(data['steering'])),(samples_per_bin,
    samples_per_bin))
```

以下是取 400 个样本后的数据统计：

- 总数据：4053。
- 去除数据：2590。
- 剩余数据：1463。

上述过程的输出如图 10.12 所示。

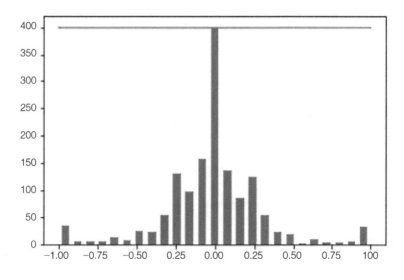

图 10.12　最多 400 个样本的转向角度可视化

6）现在查看数据点，代码如下：

```
print(data.iloc[1])
def load_img_steering(datadir, data):
    image_path = []
    steering = []
    for i in range(len(data)):
        indexed_data = data.iloc[i]
        center, left, right = indexed_data[0], indexed_data[1],indexed_data[2]
        image_path.append(os.path.join(datadir, center.strip()))
        steering.append(float(indexed_data[3]))
        # 添加左侧图像
        image_path.append(os.path.join(datadir,left.strip()))
        steering.append(float(indexed_data[3])+0.15)
        # 添加右侧图像
        image_path.append(os.path.join(datadir,right.strip()))
        steering.append(float(indexed_data[3])−0.15)
    image_paths = np.asarray(image_path)
    steerings = np.asarray(steering)
    return image_paths, steerings
image_paths, steerings = load_img_steering(datadir + '/IMG', data)
```

输出如下：

```
center      center_2018_07_16_17_11_44_069.jpg
left        left_2018_07_16_17_11_44_069.jpg
right       right_2018_07_16_17_11_44_069.jpg
steering    0
throttle    0
reverse     0
speed       0.601971
```

7）下面使用 Sklean 库拆分数据集：

```
X_train, X_valid, y_train, y_valid = train_test_split(image_paths,steerings, test_size=0.2,
    random_state=6)
print('Training Samples: {}\nValid Samples: {}'.format(len(X_train), len(X_valid)))
```

输出如下：

```
Training Samples: 3511
Valid Samples: 878
```

8）现在检查训练和测试数据集的分布：

```
fig, axes = plt.subplots(1, 2, figsize=(12, 4))
axes[0].hist(y_train, bins=num_bins, width=0.05, color='blue')
axes[0].set_title('Training set')
axes[1].hist(y_valid, bins=num_bins, width=0.05, color='red')
axes[1].set_title('Validation set')
```

训练和测试数据集的分布如图 10.13 所示。

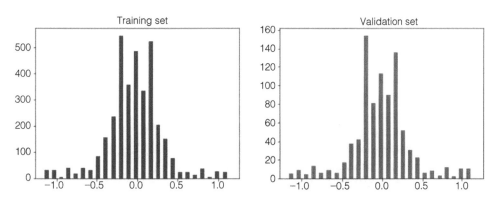

图 10.13　训练和测试数据集的分布

9）下面进行图像分析并预处理。首先裁剪出图像的有用部分，然后对图像进行各种计算机视觉滤波技术。这里从对图像进行缩放开始：

```
def zoom(image):
    zoom = iaa.Affine(scale=(1, 1.3))
    image = zoom.augment_image(image)
    return image
image = image_paths[random.randint(0, 1000)]
original_image = mpimg.imread(image)
zoomed_image = zoom(original_image)
fig, axs = plt.subplots(1, 2, figsize=(15, 10))
fig.tight_layout()
axs[0].imshow(original_image)
axs[0].set_title('Original Image')
axs[1].imshow(zoomed_image)
axs[1].set_title('Zoomed Image')
```

原始图像和缩放后的图像如图 10.14 所示。

图 10.14　原始图像和缩放后的图像

10）使用下面的函数对图像进行平移：

```
def pan(image):
    pan = iaa.Affine(translate_percent= {"x" : (−0.1, 0.1), "y":(−0.1, 0.1)})
    image = pan.augment_image(image)
    return image
image = image_paths[random.randint(0, 1000)]
original_image = mpimg.imread(image)
panned_image = pan(original_image)
fig, axs = plt.subplots(1, 2, figsize=(15, 10))
fig.tight_layout()
axs[0].imshow(original_image)
axs[0].set_title('Original Image')
axs[1].imshow(panned_image)
axs[1].set_title('Panned Image')
```

原始图像和平移后的图像如图 10.15 所示。

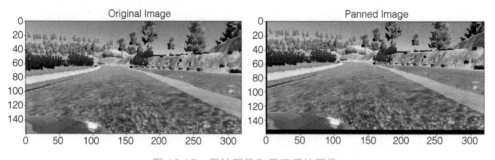

图 10.15　原始图像和平移后的图像

11）下面调整图像的亮度：

```
def img_random_brightness(image):
    brightness = iaa.Multiply((0.2, 1.2))
```

```
        image = brightness.augment_image(image)
        return image
image = image_paths[random.randint(0, 1000)]
original_image = mpimg.imread(image)
brightness_altered_image = img_random_brightness(original_image)
fig, axs = plt.subplots(1, 2, figsize=(15, 10))
fig.tight_layout()
axs[0].imshow(original_image)
axs[0].set_title('Original Image')
axs[1].imshow(brightness_altered_image)
axs[1].set_title('Brightness altered image ')
```

原始图像和亮度改变后的图像如图 10.16 所示。

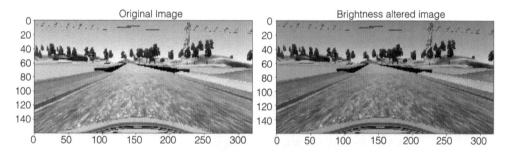

图 10.16　原始图像和亮度改变后的图像

12）下面对图像进行水平和垂直翻转：

```
def img_random_flip(image, steering_angle):
        image = cv2.flip(image,1)
        steering_angle = -steering_angle
        return image, steering_angle
random_index = random.randint(0, 1000)
image = image_paths[random_index]
steering_angle = steerings[random_index]
original_image = mpimg.imread(image)
flipped_image, flipped_steering_angle =img_random_flip(original_image, steering_angle)
fig, axs = plt.subplots(1, 2, figsize=(15, 10))
fig.tight_layout()
axs[0].imshow(original_image)
axs[0].set_title('Original Image - ' + 'Steering Angle:' +str(steering_angle))
axs[1].imshow(flipped_image)
axs[1].set_title('Flipped Image - ' + 'Steering Angle:' +str(flipped_steering_angle))
```

原始图像和翻转后的图像如图 10.17 所示。

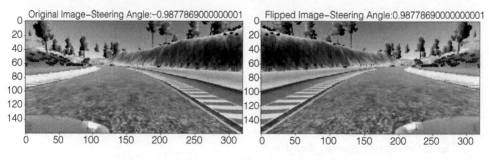

图 10.17　原始图像和翻转后的图像

13）下面在转向角度的基础上翻转图像，以完成图像增广：

```
def random_augment(image, steering_angle):
    image = mpimg.imread(image)
    if np.random.rand() < 0.5:
        image = pan(image)
    if np.random.rand() < 0.5:
        image = zoom(image)
    if np.random.rand() < 0.5:
        image = img_random_brightness(image)
    if np.random.rand() < 0.5:
        image, steering_angle = img_random_flip(image,steering_angle)
    return image, steering_angle
ncol = 2
nrow = 10
fig, axs = plt.subplots(nrow, ncol, figsize=(15, 50))
fig.tight_layout()
for i in range(10):
    randnum = random.randint(0, len(image_paths) - 1)
    random_image = image_paths[randnum]
    random_steering = steerings[randnum]
    original_image = mpimg.imread(random_image)
    augmented_image, steering = random_augment(random_image,random_steering)
    axs[i][0].imshow(original_image)
    axs[i][0].set_title("Original Image")
    axs[i][1].imshow(augmented_image)
    axs[i][1].set_title("Augmented Image")
```

原始图像与增广图像如图 10.18 所示。

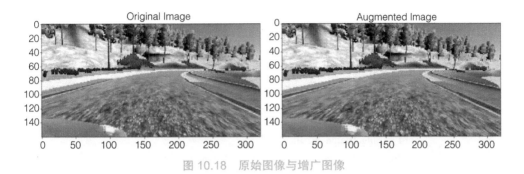

图 10.18　原始图像与增广图像

14）下面进行最后的预处理过程，即裁剪图像并添加高斯模糊：

```
def img_preprocess(img):
    img = img[60:135,:,:]
    img = cv2.cvtColor(img, cv2.COLOR_RGB2YUV)
    img = cv2.GaussianBlur(img, (3, 3), 0)
    img = cv2.resize(img, (200, 66))
    img = img/255
    return img
image = image_paths[100]
original_image = mpimg.imread(image)
preprocessed_image = img_preprocess(original_image)
fig, axs = plt.subplots(1, 2, figsize=(15, 10))
fig.tight_layout()
axs[0].imshow(original_image)
axs[0].set_title('Original Image')
axs[1].imshow(preprocessed_image)
axs[1].set_title('Preprocessed Image')
```

原始图像与预处理图像如图 10.19 所示。

图 10.19　原始图像与预处理图像

15）接下来编写一个名为 batch_generator 的方法，该方法使用 Sequence 对象（keras.utils.Sequence）建立数据集实例，以避免在使用多进程时出现重复数据。其提供了（输入，目标）或（输入，目标，样本权重）形式的元组对象：

```python
def batch_generator(image_paths, steering_ang, batch_size,istraining):
    while True:
        batch_img = []
        batch_steering = []
        for i in range(batch_size):
            random_index = random.randint(0, len(image_paths) - 1)
            if istraining:
                im, steering =random_augment(image_paths[random_index],
                                steering_ang[random_index])
            else:
                im = mpimg.imread(image_paths[random_index])
                steering = steering_ang[random_index]
            im = img_preprocess(im)
            batch_img.append(im)
            batch_steering.append(steering)
        yield (np.asarray(batch_img), np.asarray(batch_steering))
```

16）使用下面的代码得到训练图像和验证图像：

```python
x_train_gen, y_train_gen = next(batch_generator(X_train, y_train,1, 1))
x_valid_gen, y_valid_gen = next(batch_generator(X_valid, y_valid,1, 0))
fig, axs = plt.subplots(1, 2, figsize=(15, 10))
fig.tight_layout()
axs[0].imshow(x_train_gen[0])
axs[0].set_title('Training Image')
axs[1].imshow(x_valid_gen[0])
axs[1].set_title('Validation Image')
```

训练图像和验证图像如图 10.20 所示。

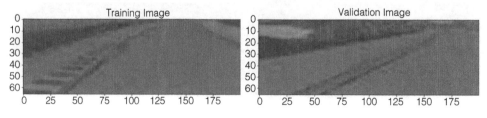

图 10.20　训练图像和验证图像

10.2.3 模型开发

本小节设计模型架构。我们将使用 NVIDIA 提供的模型架构。

1）这里使用 ADAM 优化器，由于输出是转向角度，其是一个回归问题，因此选择 MSE 损失函数。另外，使用指数线性单元（Exponential Linear Unit, ELU）作为激活函数。ELU 比 ReLU 更好，因为它能够更快地将代价函数降低到零。ELU 更精确，更擅长解决梯度消失问题。开发用于行为克隆的 NVIDIA 架构的代码如下：

```
def nvidia_model():
    model = tf.keras.Sequential()
    model.add(tf.keras.layers.Convolution2D(24, 5, 5, subsample=(2,2),
        input_shape=(66,200, 3), activation='elu'))
    model.add(tf.keras.layers.Convolution2D(36, 5, 5, subsample=(2,2), activation='elu'))
    model.add(tf.keras.layers.Convolution2D(48, 5, 5, subsample=(2,2), activation='elu'))
    model.add(tf.keras.layers.Convolution2D(64, 3, 3,activation='elu'))
    model.add(tf.keras.layers.Convolution2D(64, 3, 3,activation='elu'))
    # model.add(tf.keras.layers.Dropout(0.5))
    model.add(tf.keras.layers.Flatten())
    model.add(tf.keras.layers.Dense(100, activation = 'elu'))
    model.add(tf.keras.layers.Dense(50, activation = 'elu'))
    model.add(tf.keras.layers.Dense(10, activation = 'elu'))
    model.add(tf.keras.layers.Dense(1))
    optimizer = Adam(lr=1e-3)
    model.compile(loss='mse', optimizer=optimizer)
    return model
```

2）接下来输出 NVIDIA 模型概述：

```
model = nvidia_model()
print(model.summary())
```

NVIDIA 模型概述如图 10.21 所示。

3）下面使用 Python 生成器批量生成数据来训练模型：

```
history = model.fit_generator(batch_generator(X_train, y_train,100, 1),steps_per_epoch=300,
    epochs=10,validation_data=batch_generator(X_valid, y_valid, 100, 0),
    validation_steps=200,verbose=1,shuffle = 1)
```

模型训练日志如图 10.22 所示。

```
Layer (type)                  Output Shape               Param #
=================================================================
conv2d_1 (Conv2D)             (None, 31, 98, 24)         1824

conv2d_2 (Conv2D)             (None, 14, 47, 36)         21636

conv2d_3 (Conv2D)             (None, 5, 22, 48)          43248

conv2d_4 (Conv2D)             (None, 3, 20, 64)          27712

conv2d_5 (Conv2D)             (None, 1, 18, 64)          36928

flatten_1 (Flatten)           (None, 1152)               0

dense_1 (Dense)               (None, 100)                115300

dense_2 (Dense)               (None, 50)                 5050

dense_3 (Dense)               (None, 10)                 510

dense_4 (Dense)               (None, 1)                  11
=================================================================
Total params: 252,219
Trainable params: 252,219
Non-trainable params: 0

None
```

图 10.21　NVIDIA 模型概述

```
Epoch 1/10
300/300 [==============================] - 407s 1s/step - loss: 0.1373 - val_loss: 0.0824
Epoch 2/10
300/300 [==============================] - 411s 1s/step - loss: 0.0775 - val_loss: 0.0584
Epoch 3/10
300/300 [==============================] - 418s 1s/step - loss: 0.1006 - val_loss: 0.0795
Epoch 4/10
300/300 [==============================] - 401s 1s/step - loss: 0.0779 - val_loss: 0.0608
Epoch 5/10
300/300 [==============================] - 373s 1s/step - loss: 0.0596 - val_loss: 0.0432
Epoch 6/10
300/300 [==============================] - 383s 1s/step - loss: 0.0527 - val_loss: 0.0413
Epoch 7/10
300/300 [==============================] - 378s 1s/step - loss: 0.0478 - val_loss: 0.0380
Epoch 8/10
300/300 [==============================] - 401s 1s/step - loss: 0.0447 - val_loss: 0.0341
Epoch 9/10
300/300 [==============================] - 407s 1s/step - loss: 0.0429 - val_loss: 0.0315
Epoch 10/10
300/300 [==============================] - 397s 1s/step - loss: 0.0428 - val_loss: 0.0301
```

图 10.22　模型训练日志

4）下面查看模型的训练和验证损失：

```
plt.plot(history.history['loss'])
plt.plot(history.history['val_loss'])
plt.legend(['training', 'validation'])
plt.title('Loss')
plt.xlabel('Epoch')
```

输出如图 10.23 所示。

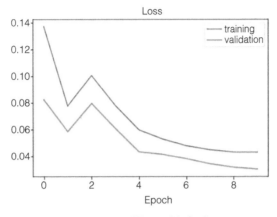

图 10.23 训练和验证损失

5）最后，保存模型，以便稍后将其用于自动驾驶：

model.save('model.h5')

10.2.4 评估模拟器

基于行为克隆的自动驾驶技术的最后一步是检查模型的执行情况。为了验证模拟器，需要在自主模式下运行模型，此时需要编写一个脚本，设置双向客户端 - 服务器通信，并将模型连接到模拟器，如图 10.24 所示。

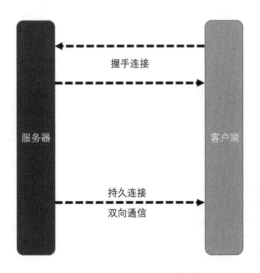

图 10.24 双向客户端 - 服务器通信

接下来，运行以下代码来建立模型到模拟器的连接。本小节与深度学习无关，只是介绍关于如何连接到模拟器的内容。

1）首先导入所需的库，包括 Socketio、Eventlet、NumPy 和 OpenCV：

```python
import socketio
import eventlet
import numpy as np
from flask import Flask
from keras.models import load_model
import base64
from io import BytesIO
from PIL import Image
import cv2
```

2）接下来连接到套接字（Socket）：

```python
sio = socketio.Server()
app = Flask(__name__) #'__main__'
speed_limit = 10
def img_preprocess(img):
    img = img[60:135,:,:]
    img = cv2.cvtColor(img, cv2.COLOR_RGB2YUV)
    img = cv2.GaussianBlur(img, (3, 3), 0)
    img = cv2.resize(img, (200, 66))
    img = img/255
    return img
```

3）然后定义事件处理程序，以实现模型加载：

```python
@sio.on('telemetry')
def telemetry(sid, data):
    speed = float(data['speed'])
    image = Image.open(BytesIO(base64.b64decode(data['image'])))
    image = np.asarray(image)
    image = img_preprocess(image)
    image = np.array([image])
    steering_angle = float(model.predict(image))
    throttle = 1.0 - speed/speed_limit
    print('{} {} {}'.format(steering_angle, throttle, speed))
    send_control(steering_angle, throttle)
```

4）接着需要编写一个函数来控制汽车的转向角度和节气门：

```
@sio.on('connect')
def connect(sid, environ):
    print('Connected')
    send_control(0, 0)
def send_control(steering_angle, throttle):
    sio.emit('steer', data = {'steering_angle': steering_angle.__str__(),
        'throttle':throttle.__str__()})
```

5）最后加载模型并建立服务器 - 客户端连接：

```
if __name__ == '__main__':
    model = load_model('model.h5')
    app = socketio.Middleware(sio, app)
    eventlet.wsgi.server(eventlet.listen(('', 4567)), app)
```

上述操作后，会在屏幕上看到以下信息，之后便可以运行模拟器：

```
(34704) wsgi starting up on http://0.0.0.0:4567
(34704) accepted ('127.0.0.1', 57704)
```

打开模拟器并在自主模式下运行，便能够看到汽车平稳运行，如图 10.25 所示。

图 10.25　自主模式下运行

如果汽车在自主模式下的表现不佳，那么需要重新收集数据并重新训练模型。

10.3　总结

本章介绍了行为克隆。首先下载了 Udacity 开源模拟器，在手动模式下运行汽车并收集数据。然后使用 NVIDIA 提出的深度学习架构建立模型。接着使用各种计算机视觉技术进行数据处理以完成数据准备。最终自动驾驶汽车在模拟器中能够自主平稳行驶。

第11章 ▼

基于 OpenCV 和深度学习的车辆检测

目标检测是计算机视觉在自动驾驶汽车中的重要应用之一。图像中的目标检测不仅意味着识别对象的种类，还包括生成包含该对象的边界框以定位该对象。目标检测可以总结如下：

目标检测 = 分类 + 定位

目标检测的一个示例如图 11.1 所示。

图 11.1　目标检测示例

可以看到，骑摩托车的人被检测为人，摩托车被检测为摩托车。

本章将使用 OpenCV 和 YOLO（You Only Look Once）作为车辆检测的深度学习架构。因此，我们首先学习一种被称为 YOLO 的非常先进的图像检测算法。YOLO 可以查看图像并在它所感知到的属于预识别类型的对象上绘制边界框。

本章将使用预训练的网络并基于迁移学习来创建最终模型。YOLO 是一种最先进的实时目标检测方法，它在 2007 年的 VOC 数据集上达到了 78.6% 的平均精度均值（mean Average Precision，mAP），并在 COCO 测试数据集上达到了 48.1% 的 mAP。

YOLO 架构仅将单个神经网络应用于图像。该网络首先将图像分成几个区域，然后为每个区域预测边界框和概率。通过对边界框的预测概率进行加权，完成目标检测。

还有其他用于目标检测的模型，例如 R-CNN 和 Fast R-CNN。R-CNN 的速度较慢且计算成本高，Fast R-CNN 比 R-CNN 更快且更高效，这些算法使用选择性搜索来区分图像中的不同区域。然而，YOLO 是在完整的图像上进行训练的，并直接优化检测到的结果。

本章主要包含以下主题：

* YOLO 特点。
* YOLO 损失函数。
* YOLO 架构。
* YOLO 目标检测的实现。

11.1　YOLO 特点

本章将使用第三版本的 YOLO 目标检测算法，相对于旧版本的 YOLO，该算法在速度和精度上都有所改进。下面列出 YOLO 与其他目标检测神经网络的不同之处：

* YOLO 在测试过程中使用整个图像，因此 YOLO 的预测是通过图像的全局上下文得到的。

* 一般像 R-CNN 这样的算法，需要数千个网络来预测一张图像，但对于 YOLO，只需要一个网络来处理图像并进行预测。

* 由于使用了单个神经网络，因此 YOLO 的速度比其他目标检测网络快 1000 倍（https://pjreddie.com/darknet/yolo/ ）。

* YOLO 将目标检测视为回归问题。

* YOLO 具有非常快的速度和非常高的精度。

YOLO 的工作原理如下：

1）YOLO 将输入图像分成大小为 $S \times S$ 的网格，每个网格预测一个目标。

2）YOLO 对每个网格进行图像分类和定位。

3）如果目标的一部分落在某个网格内，那么该网格需要负责检测目标。

4）所有的网格都会预测边界框，以及相应的置信度得分。

11.2　YOLO 损失函数

YOLO 损失函数的计算步骤如下：

1）首先，找到与正确边界框具有最高交并比（Intersection over Union，IoU）的预测边界框。

2）然后，计算置信度损失，即给定边界框内存在目标的概率。

3）接下来，计算分类损失，其表示边界框内目标的类型。

4）最后，计算边界框坐标损失以匹配检测到的边界框。

综上，总损失函数为：

$$YOLO 损失函数 = 坐标损失 + 分类损失 + 置信度损失$$

11.3   YOLO 架构

YOLO 架构是受到 GoogLeNet 图像分类模型的启发创建的。YOLO 网络由 24 个卷积层和 2 个全连接层组成，它还包含交替的 1×1 卷积层，用于减少前面层的特征维度。

YOLO 中使用的卷积层来自于 ImageNet 任务的预训练模型，这些卷积层的输入图像分辨率先缩小一半（244×244），然后放大一倍。YOLO 对所有层都使用了带泄露整流线性单元（Leaky ReLU）作为激活函数，并对最后几层使用线性激活函数。

YOLO 的模型架构如图 11.2 所示。

图 11.2   YOLO 的模型架构

 以下是 YOLO 官方网站的链接：https://pjreddie.com/darknet/yolo/。

接下来将介绍 YOLO 的不同类型。

1. 快速 YOLO

顾名思义，快速 YOLO 是 YOLO 的一种更快的版本。快速 YOLO 使用 9 个卷积层，并且比 YOLO 使用更少的滤波器。这两种模型的训练和测试参数是相同的。快速 YOLO 的输出是 7×7×30 的张量。

2. YOLO v2

YOLO v2（也称为 YOLO9000）将 YOLO 原始输入尺寸从 224×224 增加到 448×448。据观察，尺寸的增加有助于 mAP 的提高。YOLO v2 还使用了批归一化，从而显著提高了模型的准确度。YOLO v2 将整个图像划分为 13 × 13 的网格，提高了对小物体的检测能力。为了使模型获得良好的先验（锚点），YOLO v2 在边界框尺度上运行 k-Means 聚类算法。YOLO v2 还使用了 5 个锚框（Anchor Boxes），其示意图如图 11.3 所示。

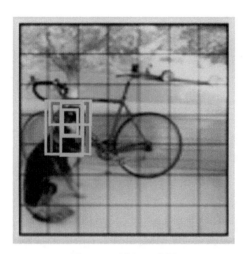

图 11.3　锚框示意图

图 11.3 中包含一个对象真实边界框和若干个备选锚框。

YOLO v2 使用 Darknet 架构进行对象分类，其有 19 个卷积层、5 个最大池化层和 1 个 softmax 层。

3. YOLO v3

YOLO v3 是 YOLO 最流行的模型，它使用 9 个锚框。与 YOLO v2 使用 softmax 不同，YOLO v3 使用逻辑回归进行对象分类预测。YOLO v3 使用 Darknet-53 网络进行特征提取，该网络由 53 个卷积层组成。

11.4　YOLO 目标检测的实现

本节介绍如何用 Python 实现 YOLO v3。我们将使用在 COCO 数据集上预训练的 YOLO v3。

COCO 数据集包含超过 150 万个对象实例，具有 80 个不同的对象类别。我们将使用在 COCO 数据集上进行训练的预训练模型，并探索其能力。实际上，即使使用高端 GPU，训练一个能够准确预测所需类别的模型也需要很多个小时，因此，我们将直接下载预训练网络的权值。这个网络非常复杂，用于权重存储的 H5 文件的大小超过 200MB。

> ⓘ　COCO（Common Objects in Context）是一个大规模的目标检测、图像分割和图像描述文字生成数据集。COCO 的官方网站是 http://cocodataset.org/#home。

COCO 具有以下几个特点：

- 目标分割。
- 上下文识别。
- 超像素分割。
- 33 万张图像（超过 20 万带有标签）。
- 150 万个对象实例。
- 80 个对象类别。
- 91 个物品类别。
- 每张图像 5 个说明文字。
- 25 万人带有关键点。

11.4.1　导入库

要实现 YOLO 目标检测，首先需要导入库。

为了实现目标，需要导入 NumPy、OpenCV 和 YOLO 库：

```
import os
import time
import cv2
import numpy as np
from model.yolo_model import YOLO
```

11.4.2　图像处理函数

导入库后，接下来需要编写一个图像处理函数，此函数将缩小或放大图像，具体取决于其原始尺寸。

在这里，我们想要根据 YOLO 模型的输入对图像进行变换：

```
def process_image(img):
    """ 调整大小 , 缩小和放大图像
    # 参数 :
        Img: 原始图像
    # 返回值
        image_org: ndarray(416, 416, 3), 处理后图像
    """
```

```
image_org = cv2.resize(img, (416, 416),interpolation=cv2.INTER_CUBIC)
image_org = np.array(image_org, dtype='float32')
image_org /= 255.
image_org = np.expand_dims(image_org, axis=0)
return image_org
```

11.4.3   类别获取函数

类别获取函数能够从类别文本文件中获取类别。在导入 YOLO 时，可以在项目的 data 文件夹中找到 coco_classes.txt 文件。

COCO 数据集包含近 80 个类别。类别获取函数如下：

```
def get_classes(file):
    """ 获取类别名字
    # 参数：
        file: 数据集的类别名字
    # 返回值
        name_of_class_names: 列表 , 类别名字
    """
    with open(file) as f:
        name_of_class = f.readlines()
        name_of_class_names = [c.strip() for c in name_of_class]
        return name_of_class_names
```

11.4.4   边界框绘制函数

边界框绘制函数用于在已识别的图像内绘制对象边界框，并在图像上放置文本作为类别标签，同时放置一个概率值作为识别为该类别的置信度。

下面使用 OpenCV 实现边界框绘制函数：

```
def draw_box(image, image_boxes, image_scores, image_classes,image_all_classes):
    """ 在图像上绘制边界框
    # 参数：
        image: 原始图像
        image_boxes: ndarray, 对象边界框
        image_scores: ndarray, 对象类型概率
        image_classes: ndarray, 对象类型
        image_all_classes: 所有类型的名字
    """
    for box, score, cl in zip(image_boxes, image_scores, image_classes):
        x, y, w, h = box
```

```
        image_top = max(0, np.floor(x + 0.5).astype(int))
        image_left = max(0, np.floor(y + 0.5).astype(int))
        image_right = min(image.shape[1], np.floor(x + w + 0.5).astype(int))
        image_bottom = min(image.shape[0], np.floor(y + h + 0.5).astype(int))
        cv2.rectangle(image, (image_top, image_left), (image_right,image_bottom),
            (255,0,0), 2)
        cv2.putText(image, '{0} {1:.2f}'.format(image_all_classes[cl], score),(image_top,
            image_left - 6),cv2.FONT_HERSHEY_SIMPLEX,0.6, (0, 0, 255), 1,
            cv2.LINE_AA)
        print('class: {0}, score: {1:.2f}'.format(image_all_classes[cl],score))
        print('box coordinate x,y,w,h: {0}'.format(box))
        print()
```

11.4.5　图像目标检测函数

图像目标检测函数可获取图像并使用 YOLO v3 网络预测图像内的对象及类别。其代码如下：

```
def detect_image(image, yolo, all_classes):
    """ 使用 YOLO v3 进行图像目标检测
    # 参数：
        image: 原始图像
        yolo: YOLO 模型
        all_classes: 所有类型的名字
    # 返回值：
        image: 处理后的图像
    """
    pimage = process_image(image)
    start = time.time()
    image_boxes, image_classes, image_scores = yolo.predict(pimage,image.shape)
    end = time.time()
    print('time: {0:.2f}s'.format(end - start))
    if boxes is not None:
        draw_boxes(image, image_boxes, image_scores, image_classes,image_all_classes)
    return image
```

11.4.6　视频目标检测函数

如果想要在视频中跟踪一个人或车辆，则可以使用以下函数：

```
def detect_video(video, yolo, all_classes):
```

```
""" 使用 YOLO v3 进行视频目标检测
# 参数 :
    video: 视频文件
    yolo: YOLO 模型
    all_classes: 所有类型的名字
"""
video_path = os.path.join("videos", "test", video)
camera = cv2.VideoCapture(video_path)
cv2.namedWindow("detection", cv2.WINDOW_AUTOSIZE)
# 准备保存目标检测后的视频
sz = (int(camera.get(cv2.CAP_PROP_FRAME_WIDTH)),
    int(camera.get(cv2.CAP_PROP_FRAME_HEIGHT)))
fourcc = cv2.VideoWriter_fourcc(*'mpeg')
vout = cv2.VideoWriter()
vout.open(os.path.join("videos", "res", video), fourcc, 20, sz, True)
while True:
    res, frame = camera.read()
    if not res:
        break
    image = detect_image(frame, yolo, all_classes)
    cv2.imshow("detection", image)
    # 一帧一帧地保存视频
    vout.write(image)
    if cv2.waitKey(110) & 0xff == 27:
        break
vout.release()
camera.release()
```

11.4.7　导入 YOLO

本小节创建一个 YOLO 类的实例。该过程可能需要一定的时间，因为 YOLO 模型需要加载 :

```
yolo = YOLO(0.6, 0.5)
file = 'data/coco_classes.txt'
all_classes = get_classes(file)
```

11.4.8　检测图像中的物体

本小节使用 YOLO 检测图像中存在的对象。下面的代码将从导入图像开始 :

```
f = 'image.jpg'
path = 'images/'+f
image = cv2.imread(path)
```

输入图像如图 11.4 所示。

图 11.4　输入图像

下面使用 detect_image() 函数进行目标检测：

```
image = detect_image(image, yolo, all_classes)
cv2.imwrite('images/res/' + f, image)
```

输出图像如图 11.5 所示。

图 11.5　输出图像

从图 11.5 可以看出，它检测人的准确度是 100%，检测摩托车的准确度也是 100%。读者可以拍不同的照片，尝试自己做试验。

11.4.9 检测视频中的物体

检测视频中的物体可能需要一定时间。首先导入视频文件 library.mp4，然后使用 detect_video() 函数进行目标检测：

```
# 在视频 / 测试文件夹中一次检测一个视频
video = 'library.mp4'
detect_video(video, yolo, all_classes)
```

视频目标检测结果如图 11.6 所示。

图 11.6　视频目标检测结果

在这里，YOLO 以 100% 的准确率检测到一个人和一辆自行车。

11.5 总结

本章介绍了目标检测，其是自动驾驶汽车中的重要技术。我们使用了一个流行的预训练模型 YOLO 建立了一个程序流程，对图像和视频进行目标检测，通过结果展示了 YOLO 的性能。

第12章 ▼

未来工作及传感器融合

读者应该对摄像头传感器这个话题非常熟悉，其是自动驾驶汽车中最重要的传感器之一。好消息是，自动驾驶汽车的时代已经到来，尽管它还没有被大众广泛接受。然而，主要的汽车公司现在正在花费数百万美元进行自动驾驶汽车的研发工作。各公司正在积极探索自动驾驶汽车系统，并对自动驾驶汽车原型进行道路测试。此外，许多自动驾驶汽车系统，如自动紧急制动、自动巡航控制、车道偏离警告和自动停车等系统，已经得到了应用。

自动驾驶汽车的主要目标是减少交通事故。最近，我们观察到，一些公司正在尝试使用自动驾驶汽车进行食品配送和出租车服务，这些商业试验为自动驾驶汽车的广泛应用带来了信心。

正在探索自动驾驶技术的公司主要包括宝马、沃尔沃、特斯拉、本田、丰田、大众、福特、通用汽车和梅赛德斯 - 奔驰。以下是部分公司的相关发展：

1）通用汽车花费超过 10 亿美元收购了自动驾驶汽车初创公司 Cruise Autonomous。

2）丰田正在向丰田研究所投资约 28 亿美元（连同另外两家合作伙伴——丰田集团旗下的 Aisin 和 DENSO），专门用于推进自动驾驶技术的发展。

3）2018 年，宝马在德国慕尼黑开设了一个面积为 24.8 万 ft^2(1ft=0.3048m) 的工厂，用于测试自动驾驶汽车。

正如我们所知，自动驾驶汽车由各种技术驱动，从而实现安全高效的驾驶。自动驾驶汽车的各个组成部分，如人工智能、摄像头、安全系统、网络基础设施、激光雷达传感器和雷达传感器等，可以通过传感器融合技术实现无缝集成。

为了满足这些传感器的需求，传感器系统正在迅速发展。自动驾驶汽车的三大重要传感器是雷达、激光雷达和摄像头。

这些传感器能够用于实现 6 个级别的自动驾驶。自动驾驶的 6 个级别如下：

1）0 级—手动驾驶汽车：在 0 级自动驾驶中，汽车的转向和速度都由驾驶员控制。0 级自动驾驶可能包括向驾驶员发出警告，但车辆本身不会采取任何行动。

2）1 级—驾驶员辅助：在 1 级自动驾驶中，汽车会观察周围环境，并监控加速和制动。例如，如果车辆离另一辆车太近，那么它会自动制动，其特征如图 12.1 所示。

图 12.1　1 级自动驾驶—驾驶员辅助的特征

3）2 级—部分自动化：在 2 级自动驾驶中，车辆将实现部分自动化。汽车可以接管转向和加速，并尝试代替驾驶员执行一些基本任务。然而，驾驶员仍然需要在车内监控关键的安全功能和环境因素。图 12.2 所示为其特征。

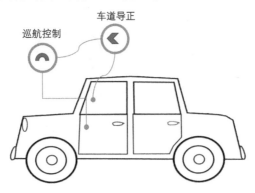

图 12.2　2 级自动驾驶—部分自动化的特征

4）3 级—条件自动化：在 3 级自动驾驶及以上级别，车辆本身执行所有环境监测（使用激光雷达等传感器）的工作。在这个级别，车辆可以在某些情况下以自动驾驶模式行驶，但当车辆可能超出自动控制极限时，驾驶员应准备接管控制。图 12.3 所示为其特征。

5）4 级—高度自动化：4 级自动驾驶技术仅低于完全自动化。在这个级别的自动驾驶技术中，车辆可以自动控制转向、制动和加速，甚至可以监控车辆本身、行人和整个公路。在这个级别，车辆可以在大部分时间内以自动驾驶模式行驶。然而，在少数情况下，仍然需要人类来接管。图 12.4 所示为其特征。

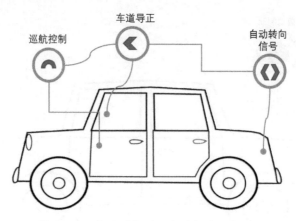

图 12.3　3 级自动驾驶—条件自动化的特征

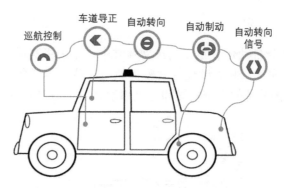

图 12.4　4 级自动驾驶—高度自动化的特征

6）5 级—完全自动化：5 级自动驾驶意味着车辆完全自动驾驶，不需要人类驾驶员，车辆控制所有关键任务，如转向、制动和踏踏板，甚至可以监测驾驶环境并识别驾驶条件，比如交通堵塞。图 12.5 所示为其特征。

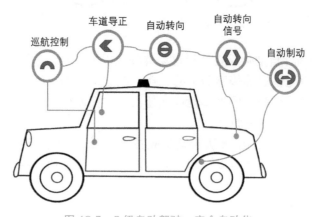

图 12.5　5 级自动驾驶—完全自动化

本书向读者介绍了应用于摄像头图像的各种人工智能和深度学习的概念，这些概念也可以用于其他传感器。

在本章的剩余部分，我们将更多地介绍实现自动驾驶汽车的 5 个主要技术。以下是这 5 个主要技术的总结：

1）计算机视觉：作为自动驾驶汽车的眼睛，使车辆能够理解周围的世界。

2）传感器融合：是一种组合来自各种传感器数据的方法，例如雷达（RADAR）、激光雷达（LIDAR）和激光传感器（Laser），以获得对环境更深入的理解。

3）定位：将自动驾驶汽车置于全局环境中，使其理解自身所处的位置和空间。

4）路径规划：通过理解全局环境以及汽车在其中的位置，规划汽车的运行路线。

5）控制：用于转动转向盘，控制加速踏板和制动踏板。

我们详细学习了计算机视觉，它能够处理图像和视频。我们还学习了深度学习、先进的计算机视觉技术和卷积神经网络。此外，我们还进行了一些实验项目，如交通标志检测、基于 YOLO 的目标检测、基于 E-Net 的语义分割和基于深度学习的行为克隆。

12.1　自动驾驶汽车传感器

自动驾驶汽车包含很多传感器，摄像头是其中一种，此外，还有激光雷达、雷达、超声波传感器和里程计等。

图 12.6 所示为自动驾驶汽车中使用的各种传感器。

图 12.6　自动驾驶汽车中使用的各种传感器

仅有感知器的知识对于自动驾驶汽车来说是不够的。我们还必须学习传感器融合、定位、路径规划和控制。

传感器融合是实现自动驾驶汽车的关键步骤之一。一般来说，自动驾驶汽车使用大量的传感器来识别环境以及定位自己。

接下来简要讨论自动驾驶汽车中使用的传感器。

1. 摄像头

本书已经介绍了摄像头，其用于作为汽车的视觉。使用人工智能（AI）技术，摄像头能够帮助汽车了解环境。通过使用摄像头，汽车可以对道路、行人、交通标志等进行分类。

2. 雷达

雷达（Radio Detection and Ranging，RADAR）发射无线电来探测附近的物体。正如我们在第 1 章中所讨论的，雷达已经在自动驾驶汽车领域使用多年。雷达通过探测汽车视觉盲区中的车辆，帮助汽车避免碰撞。雷达在探测移动物体时也有出色的表现。雷达利用多普勒效应来测量物体之间的距离，以及它们的位置。多普勒效应测量的是物体靠近或远离时波的变化。

 雷达不能对物体进行分类，但善于探测物体的速度和位置。

3. 超声波传感器

一般来说，超声波传感器用于估计静态车辆的位置，例如停放的车辆。它比激光雷达和雷达便宜，但探测范围只有几米。

4. 里程计传感器

里程计传感器通过感知车轮的位移来实现车辆速度估计。

5. 激光雷达

激光雷达（Light Detection and Ranging，LIDAR）传感器使用红外信号测量车辆与物体的距离。激光雷达包含一个旋转系统，通过连续发射电磁波，并计算电磁波返回激光雷达所需的时间，从而产生点云。点云是一组描述传感器周围环境中物体或表面的点。

 激光雷达传感器每秒产生 200 万个云点，可以生成物体的 3D 形状，因此也可以对物体进行分类。

12.2　传感器融合简介

在自动驾驶汽车中使用的传感器具有各自的优点和缺点。传感器融合的主要目的是利用汽车上传感器的各种优势，使汽车能更精确地理解环境。

> ℹ️ 摄像头传感器是用于检测道路、交通标志和道路上其他物体的优秀工
> 具。激光雷达（LIDAR）能够准确估算车辆的位置。雷达（RADAR）
> 能够准确估算行驶车辆的速度。

12.3 卡尔曼滤波器

卡尔曼滤波器是最受欢迎的传感器融合算法之一，它用于融合来自自动驾
驶汽车各种传感器的数据。卡尔曼滤波器由 Rudolph Kalman 于 1960 年提出，
其用于跟踪导航信号，以及手机和卫星。

> ℹ️ 卡尔曼滤波器在首次载人登月任务（阿波罗 11 号任务）中被用于地
> 球上的工作人员与航天飞机 / 火箭上的机组人员之间的通信。

卡尔曼滤波器的主要应用是数据融合，以估计动态系统在现在、过去和未
来的状态。它可以用于监测行走的行人位置和速度，并量化其相关的不确定性。
一般来说，卡尔曼滤波器包含两个迭代步骤：

- 预测。
- 更新。

系统的状态使用卡尔曼滤波器进行计算，并表示为向量 x。该向量由位置
（p）和速度（v）组成，不确定性的度量为"P"。

由此得出如下表达式：

$$x = p/v$$

卡尔曼滤波也被称为线性二次估计（Linear Quadratic Estimation，LQE），
是一种从观测到的测量序列中获得更准确的估计值的算法。

12.4 总结

本章介绍了传感器融合。传感器融合是在收集所有传感器数据之后的下一
步。本书介绍了很重要的一类传感器：摄像头。另外，还介绍了深度学习网络，
使摄像头传感器能够高效工作，并且对于其他类型传感器生成的数据进行预测
也同样有效。最后介绍了卡尔曼滤波器。